引领信息物理系统（CPS）落地与深耕

信息物理系统（CPS）典型应用案例集

中国电子技术标准化研究院　编　著◎

电子工业出版社
Publishing House of Electronics Industry
北京·BEIJING

内 容 简 介

本书在系统阐述信息物理系统来源、发展与内涵的理论基础上，对中国制造业的信息物理系统优秀实践案例进行总结和提炼，通过 28 个典型案例展现了制造企业与解决方案供应商 2 个主体的实现方式，以及钢铁、轨道交通、石化、电子、汽车、航空、船舶等 15 个行业的应用成效，实现了理论与实践的融合，对进一步推动信息物理系统的落地推广和创新发展具有借鉴意义。

本书可为致力于制造业转型升级的主管部门、制造企业、解决方案提供商、科研院所及有意了解信息物理系统的社会各界人士提供参考。

未经许可，不得以任何方式复制或抄袭本书之部分或全部内容。
版权所有，侵权必究。

图书在版编目（CIP）数据

信息物理系统（CPS）典型应用案例集 / 中国电子技术标准化研究院编著. —北京：电子工业出版社，2019.5
ISBN 978-7-121-36266-8

Ⅰ. ①信⋯ Ⅱ. ①中⋯ Ⅲ. ①控制系统 Ⅳ.①TP271

中国版本图书馆 CIP 数据核字（2019）第 064327 号

策划编辑：刘志红
责任编辑：刘志红
印　　刷：北京虎彩文化传播有限公司
装　　订：北京虎彩文化传播有限公司
出版发行：电子工业出版社
　　　　　北京市海淀区万寿路 173 信箱　邮编　100036
开　　本：787×1 092　1/16　印张：16.5　字数：422.4 千字
版　　次：2019 年 5 月第 1 版
印　　次：2024 年 11 月第 4 次印刷
定　　价：128.00 元

凡所购买电子工业出版社图书有缺损问题，请向购买书店调换。若书店售缺，请与本社发行部联系，联系及邮购电话：（010）88254888，88258888。
质量投诉请发邮件至 zlts@phei.com.cn，盗版侵权举报请发邮件至 dbqq@phei.com.cn。
本书咨询联系方式：（010）88254479；lzhmails@phei.com.cn。

编 委 会

指导委员会

主　任　谢少锋

副主任　李　颖　王建伟　赵　波

委　员　孙文龙　冯　伟　周　平

工作委员会

执笔人（排名不分前后）

于秀明　苏　伟　杨梦培　朱铎先　刘宗长　邱伯华

陈　俊　胡梦君　索寒生　李天辉　刘广杰　张雪健

张星星　杨　晨　李兴林　胡正林　张凤德　陈　宁

杨　帆　吕瑞强　王海斌　吴　庚　黄　琳　李艳宇

董智升　薄曰薄　张建华　隋晓飞　靳春蓉　李　竞

方明强　王建宇　宁　琨　张志强　刘　波　张　龙

杨海燕　冯清川

前　言

自信息物理系统（以下简称"CPS"）概念提出以来，各国政府、学术界和产业界高度重视，并积极探索。德国《工业4.0实施建议》将CPS作为工业4.0的核心技术，中国提出"基于信息物理系统的智能装备、智能工厂等智能制造正在引领制造方式变革"。在全球大力发展实体经济的背景下，CPS作为信息化和工业化深度融合的综合技术体系，正成为抢占新一轮工业革命制高点的重要支撑。

CPS通过集成先进的感知、计算、通信、控制等信息技术和自动控制技术，构建了物理空间与信息空间中人、机、物、环境、信息等要素相互映射、适时交互、高效协同的复杂系统，实现系统内资源配置和运行的按需响应、快速迭代、动态优化。面向制造环境变化、制造资源多样、制造过程复杂等问题，基于CPS的解决方案广泛应用于设计、生产、服务等关键环节，有效提高效率，降低成本，提升产品质量。

随着对CPS认识的逐步深入，国内已出现不少优秀的CPS实践。为积极推动CPS落地应用，本书编委会用了一年时间开展CPS典型应用案例的征集与编写工作，将CPS最典型的应用场景分享给读者，将CPS建设中最核心的经验传达给读者，将CPS凸显的成效展示给读者。本书分为三篇，第一篇理论篇，系统阐述了CPS的来源、发展与内涵；第二篇解决方案篇，总结归纳了石化、烟草、船舶、电子、轨道交通等行业共性的CPS实现路径和技术体系；第三篇制造升级篇，提出了设备管理、柔性生产、质量管控、运行维护等典型制造场景的CPS应用实践。

本书的编写离不开社会各界朋友的大力支持。在此，特别感谢工业和信息化部信息化和软件服务业司领导对本书的悉心指导，感谢宁振波、赵敏、马国钧、王湘念、张文彬、刘军、何潇、陈继忠等专家的宝贵意见，感谢提供案例的各企事业单位的无私奉献，感谢信息物理系统（CPS）发展论坛的组织者为案例征集工作所付出的辛苦。希望《信息物理系统（CPS）典型应用案例集》可以为支持CPS事业的朋友们带来一份欣喜，可以为中国的制造业转型升级贡献一份力量。

《信息物理系统（CPS）典型应用案例集》编委会

2019年3月

目 录

理论篇 / 001

1.1 CPS 来源与发展 / 003

1.2 CPS 的内涵 / 006

解决方案篇 / 015

案例 1　和利时基于模型的数字孪生运行平台的 CPS 应用 / 017

案例 2　ANSYS 在泵系统领域基于数字孪生的 CPS 应用 / 027

案例 3　兰光创新在离散制造领域的 CPS 应用 / 037

案例 4　石化盈科在石化行业的 CPS 应用 / 046

案例 5　华龙迅达在烟草行业数字工厂建设的 CPS 应用 / 052

案例 6　中船系统院在智能船舶领域的 CPS 应用 / 062

案例 7　沈机智能在机加工行业的 CPS 应用 / 071

案例 8　极熵物联在动力车间智能服务模式下的 CPS 应用 / 078

案例 9　明匠智能基于加工单元的 CPS 应用 / 088

案例 10　重庆斯欧在互连协同领域的 CPS 应用 / 095

案例 11　航空工业制造院在航空产品研制领域的 CPS 测试应用 / 107

案例 12　电子标准院在共性关键技术领域的 CPS 测试应用 / 119

制造升级篇 / 127

案例13 海尔模具在设备管理领域的CPS应用 / 129

案例14 剑桥科技在电子产品生产领域的CPS应用 / 136

案例15 东风装备在高效装备制造领域的CPS应用 / 145

案例16 中建钢构广东在无人工厂领域的CPS应用 / 156

案例17 西奥电梯在电梯制造领域的CPS应用 / 164

案例18 上海宝钢在智能钢板品质自动分析领域的CPS应用 / 174

案例19 东方电气在智慧风电领域的CPS应用 / 183

案例20 中车青岛四方在智能轨道交通服务领域的CPS应用 / 192

案例21 北汽新能源在汽车精益生产领域的CPS应用 / 199

案例22 博深工具在轨道交通制动装置质量检测领域的CPS应用 / 209

案例23 山东育达医疗设备在系统自治技术领域的CPS应用 / 216

案例24 华晶金刚石在异构系统集成领域的CPS应用 / 224

案例25 新北洋在柔性制造领域的CPS应用 / 229

案例26 玲珑轮胎在高性能子午线轮胎智能工厂领域的CPS应用 / 235

案例27 浙江万向在汽车零部件大规模生产领域的CPS应用 / 240

案例28 海航科技在无人货物运输船领域的CPS应用 / 249

理论篇

CPS自提出以来，引起了各国政府、学术界和产业界的广泛关注。美国、德国及中国等纷纷开展CPS理论研究、项目支持、标准研制、试验平台建设等，推动CPS在制造领域的应用发展。2017年3月1日，中国电子技术标准化研究院（以下简称"电子标准院"）在工业和信息化部信息和软件服务业司、国家标准化管理委员会工业标准二部的指导下，联合CPS发展论坛的成员单位共同研究、编撰了《信息物理系统白皮书》，对CPS做出全方位的解读。本篇为"理论篇"，引用了白皮书中的核心内容，以帮助读者快速了解CPS的发展现状及内涵。

本篇分为CPS来源与发展、内涵两部分。CPS来源与发展主要介绍了CPS的起源及发展现状，回答了"为什么"发展CPS的问题；CPS内涵给出了CPS的定义、层次和特征，回答了CPS"是什么"的问题。本篇为读者提供CPS的理论知识参考，是本书各个案例的理论基础，为更好地阅读与理解案例提供支撑。

1.1　CPS 来源与发展

1.1.1　来源

术语来源。信息物理系统（Cyber-Physical Systems，CPS）这一术语，最早由美国国家航空航天局（NASA）于 1992 年提出，其后这个概念因为一次危机事件而被美国政府高度重视。2006 年，美国国家科学基金会（NSF）科学家海伦·吉尔（Helen Gill）在国际上第一个关于信息物理系统的研讨会（NSF Workshop on Cyber-Physical Systems）上将这一概念进行详细描述。"Cyber"一词容易使人们联想到"Cyberspace"、"赛博空间"的概念。"Cyberspace"是 1982 年美国作家威廉·吉布森（William Gibson）在发表的短篇小说《燃烧的铬合金（Burning Chrome）》中首次创造出来，并在后来的小说《神经漫游者（Neuromancer）》中被普及，为公众所熟知。

Cyber-Physical Systems 的术语来源可以追溯到更早时期，1948 年，诺伯特·维纳受到安培的启发，创造了"Cybernetics"这个单词。1954 年，钱学森所著《Engineering Cybernetics》一书问世，第一次在工程设计和实验应用中使用这一名词。1958 年，其中文版《工程控制论》发布，"Cybernetics"翻译为"控制论"。此后，"Cyber"常作为前缀，应用于与自动控制、计算机、信息技术及互联网等相关的事物描述（CPS 术语来源历程参见图 1-1）。针对 Cyber-Physical Systems，国内部分专家学者将其翻译成"信息物理融合系统"、"赛博物理系统"、"网络实体系统"、"赛博实体融合系统"等，本书将其翻译为"信息物理系统"。

技术来源。信息物理系统是控制系统、嵌入式系统的扩展与延伸，其涉及到的相关底层理论技术源于对嵌入式技术的应用与提升。然而，随着信息化和工业化的深度融合发展，传统嵌入式系统中解决物理系统相关问题所采用的单点解决方案已不能适应新一代生产装备信息化和网络化的需求，需要对计算、感知、通信、控制等技术进行更为深度的融合。因此，在云计算、新型传感、通信、智能控制等新一代信息技术的迅速发展与推动下，信息物理系统顺势出现。

需求来源。当前，中国工业生产正面临产能过剩、供需矛盾、成本上升等诸多问题，传统的研发设计、生产制造、应用服务、经营管理等方式已经不能满足广大用户新的消费需求、使用需求，迫使制造业转型升级，提高对资源配置利用的效率。制造业企业需要新的技术应用使得自身生产系统向柔性化、个性化、定制化方向发展。而 CPS 正是实现个性化定制、极少量生产、服务型制造和云制造等新的生产模式的关键技术，在大量实际应用需求的拉动下，信息物理系统顺势出现，为实现制造业转型升级提供了一种有效的实现途径。

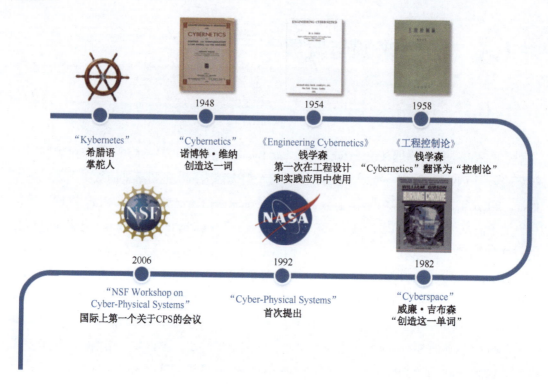

图 1-1　CPS 术语来源历程

1.1.2　发展

■ 美国

2006 年 2 月，美国科学院发布《美国竞争力计划》，明确将 CPS 列为重要的研究项目；2006 年末开始，美国国家科学基金会召开了世界上第一个关于 CPS 的研讨会，并将 CPS 列入重点科研领域，开始进行资金资助。2007 年 7 月，美国总统科学技术顾问委员会（PCAST）在题为《挑战下的领先——全球竞争世界中的信息技术研发》的报告中列出了八大关键的信息技术，其中，CPS 位列首位，其余分别是软件，数据、数据存储与数据流，网络，高端计算，网络与信息安全，人机界面与社会科学。2008 年 3 月，美国 CPS 研究指导小组（CPS Steering Group）发布了《信息物理系统概要》，把 CPS 应用于交通、农业、医疗、能源、国防等方面。2009 年 5 月，来自加州伯克利分校、卡内基·梅隆大学等高校和波音、博世、丰田等企业联合发布《产业与学术界在 CPS 研究中协作》白皮书。

2014 年 6 月，美国国家标准与技术研究院（NIST）汇集相关领域专家，组建成立了 CPS 公共工作组（CPS PWG），联合企业共同开展 CPS 关键问题的研究，推动 CPS 在跨多个"智能"应用领域的应用。2015 年，NIST 工程实验室智能电网项目组发布 CPS 测试平台（Testbed）设计概念，并建立 CPS 测试平台组成和交互性的公共工作组。2016 年 5 月，NIST 正式发表了《信息物理系统框架》，提出了 CPS 的两层域架构模型，在业界引起极大的关注。2017 年，NIST 发布的《2017-2019 三年计划》指出，CPS 应用将在更多的商业应用中涌现出来，到 2025 年，CPS 预计会产生每年 11.1 万亿美元的经济影响。

截至目前，美国国家科学基金会投入了超过 3 亿美元来支持 CPS 基础性研究。在学术界，IEEE 及 ACM 等组织从 2008 年开始，每年都举办 CPSWeek 等学术活动。CPSWeek 汇集了国际上关于 CPS 的五个主要会议：HSCC、ICCPS、IoTDI、IPSN 和 RTAS，以及涉及 CPS 各方面研究的研讨会和专题报告。

■ 德国

德国作为传统的制造强国，也一直关注 CPS 的发展。2009 年，德国《国家嵌入式系统技术路线图》提出了发展本地嵌入式系统网络的建议，明确提出 CPS 是德国继续领先未来制造业的技术基础。2010 年 3 月 1 日，德国工程院启动了 agendaCPS 项目，历时 2 年，发布了《信息物理系统综合研究报告》（Integrierte Forschungsagenda Cyber-Physical Systems）。2013 年，德国成立"工业 4.0"工作组，并在同年 4 月发布《保障德国制造业未来："工业 4.0"未来项目实施建议》，明确提出基于嵌入式系统的演进技术 CPS 将是德国继续领先未来制造业的技术基础。2015 年 3 月，德国国家科学与工程院发布了《网络世界的生活》，对 CPS 的能力、潜力和挑战进行了分析，提出了 CPS 在技术、商业和政策方面所面临的挑战和机遇。依托德国人工智能研究中心（DFKI），德国开展了 CPS 试验工作，建成了世界上第一个已投产的 CPPS（Cyber-Physical Production Systems）实验室。

■ 欧盟

欧盟在 CPS 方面也做了很多工作。CPS 研究作为欧盟公布的"单一数字市场"战略的一部分，得到欧盟的大力支持。欧盟通信网络、内容和技术理事会单独设立 CPS 研究小组；欧盟在 2007 年启动了 ARTEMIS (Advanced Research and Technology for Embedded Intelligence and Systems)等项目，计划在 CPS 相关研究方面投入超过 70 亿美元，并将 CPS 作为智能系统的一个重要发展方向。2015 年 7 月，欧盟发布《CyPhERS CPS 欧洲路线图和战略》，强调了 CPS 的战略意义和主要应用的关键领域。另外，欧盟成立了信息物理系统工程实验室（CPSE），由 6 个设计中心组成，包括法国设计中心、英国设计中心、德国南部设计中心、德国北部设计中心、西班牙设计中心和瑞典设计中心，每个设计中心分别由不同研究机构主持，定位是为 CPS 工程和技术企业提供资金和世界级的技术支持。

■ 中国

从 2009 年开始，CPS 在工业领域的应用逐渐引起中国国内科研机构、高校、企业的关注。2010 年，国家"863"计划信息技术领域办公室举办了"信息-物理融合系统发展论坛"专题研讨会，对 CPS 科学基础、关键技术、战略布局等进行研讨，会后清华大学、同济大学等高校相继成立了多个 CPS 工作组。2016 年，中国政府提出了深化制造业与互联网融合发展的要求，其中，在强化融合发展基础支撑中对 CPS 未来发展做出进一步要求。政策的延续和支持使得中国 CPS 发展驶入快车道。2017 年 3 月 1 日，中国电子技术标准化研究院在工业和信息化部（以下简称工信部）信息和软件服务业司、国家标准化管理委员会工业标准二部的指导下，联合 CPS 发展论坛的成员单位共同研究、编撰了《信息物理系统白皮书》，对 CPS 做出全方位的解读。

在项目支持方面，工信部 2016、2017 年设立了工业转型升级项目《信息物理系统测试验证解决方案应用推广》，重点支持信息物理系统关键技术测试验证平台，支持超过 8 个相关重点项目。2018 年，工信部开展了制造业与互联网融合发展试点示范工作，其中包含信息物理系统相关方向。科技部在 2017、2018 年的国家重点研发计划项目中分别支持了"电网信息物理系统分析与控制的基础理论与方法"及"智能生产线信息物理系统理论与技术"等研究课题。目前，CPS 在军方中也受到了高度重视，军委装备发展部在 2017、2018 年陆续支持了"信息物理系统计算支撑技术"、"信息物理系统融合建模仿真方法"等项目。

此外，以中国电子技术标准化研究院（简称电子标准院）为代表已开展了 CPS 测试能力建设，2018 年 9 月，电子标准院围绕 CPS 标准协议兼容、异构系统集成、物理单元建模等关键共性技术构建了测试能力，通过了中国合格评定国家认可委员会（CNAS）"信息物理系统检测能力"扩项评审，成为国内第一家具有 CPS 检测能力的机构，将有效推动中国 CPS 共性技术的研发与试验验证。

1.2 CPS 的内涵

1.2.1 CPS 的认识

CPS 是多领域、跨学科不同技术融合发展的结果。尽管 CPS 已经引起了国内外的广泛关注，但 CPS 发展时间相对较短，不同国家或机构的专家学者对 CPS 理解侧重点也各不相同。表 1-1 汇集了业内主要机构和专家对 CPS 的认识。

表 1-1　各国机构及专家对 CPS 的认识

机构或学者	观点认识
美国国家科学基金会（NSF）	CPS 是通过计算核心（嵌入式系统）实现感知、控制、集成的物理、生物和工程系统。在系统中，计算被"深深嵌入"到每一个相互连通的物理组件中，甚至可能嵌入到物料中。CPS 的功能由计算和物理过程交互实现

续表

机构或学者	观 点 认 识
美国国家标准与技术研究院 CPS 公共工作组（NIST CPS PWG）	CPS 将计算、通信、感知和驱动与物理系统结合，并通过与环境（含人）进行不同程度的交互，以实现有时间要求的功能
德国国家科学与工程院	CPS 是指使用传感器直接捕捉物理数据和执行器影响物理过程的嵌入式系统、物流、协调与管理过程及在线服务。他们通过数字网络连接，使用来自世界各地的数据和服务，并配备了多模态人机界面。CPS 开放的社会技术系统，使整个主机的服务和功能远远超出了当前嵌入式系统具有控制行为的能力
Smart America	CPS 是物联网与系统控制结合的名称。因此，CPS 不仅仅能够"感知"某物在哪里，还增加了"控制"某物并与其周围物理世界互动的能力
欧盟第七框架计划	CPS 包含计算、通信和控制，它们紧密地与不同物理过程，如机械、电子和化学，融合在一起
美国辛辛那提大学 Jay Lee 教授	CPS 以多源数据的建模为基础，以智能连接（Connection）、智能分析（Conversion）、智能网络（Cyber）、智能认知（Cognition）和智能配置与执行（Configuration）的 5C 体系为构架，建立虚拟与实体系统关系性、因果性和风险性的对称管理，持续优化决策系统的可追踪性、预测性、准确性和强韧性（Resilience），实现对实体系统活动的全局协同优化
加利福尼亚大学 伯克利分校 Edward A. Lee	CPS 是计算过程和物理过程的集成系统，利用嵌入式计算机和网络对物理过程进行监测和控制，并通过反馈环实现计算和物理过程的相互影响
中国科学院 何积丰院士	CPS 从广义上理解，就是一个在环境感知的基础上，深度融合了计算、通信和控制能力的可控、可信、可扩展的网络化物理设备系统，它通过计算进程和物理进程相互影响的反馈循环，实现深度融合和实时交互来增加或扩展新的功能，以安全、可靠、高效和实时的方式监测或者控制一个物理实体

对一个新事物、新概念的理解和认识，应在不同范围、不同层次充分把握其内涵，应遵循认识的方法论，对相关概念的理解与认识也应在不断迭代和演进中完善。把握这一原则，我们认为认识和发展中国信息物理系统必须与中国当前工业发展的现状结合，并能够指导中国工业的转型升级，促进信息化和工业化的深度融合。因此，在继承相关国内外研究成果的基础上，本部分从定位、定义及本质三个层面，给出了对信息物理系统的认识。

定位。党的十五大提出"大力推进国民经济和社会信息化"，首次将"信息化"写入国家战略；十六大提出"以信息化带动工业化、以工业化促进信息化，走新型工业化的道路"；十七大提出了"发展现代产业体系，大力推进信息化与工业化融合"的新科学发展的观念；十八大又进一步提出"坚持走中国特色新型工业化、信息化、城镇化、农业现代化道路，推动信息化和工业化深度融合、工业化和城镇化良性互动、城镇化和农业现代化相互协调，促进工业化、信息化、城镇化、农业现代化同步发展。"从中国工业近 20 年的发展历程来看，工业化演进的同时，迎来了信息技术的发展浪潮。因此，中国不能按照其他强国那样，先走工业化，再走信息化，要在这个时间节点上同步发展，互相促进。这与信息物理系统的发展要求如出一辙，一脉相承。因此，本书对信息物理系统的定位是：信息物理系统是支撑信息化和工业化深度融合的一套综合技术体系。

定义。通过对现有各国科研机构及学者的观点等进行系统全面研究,本书尝试给出 CPS 的定义,即:CPS 通过集成先进的感知、计算、通信、控制等信息技术和自动控制技术,构建了物理空间与信息空间中人、机、物、环境、信息等要素相互映射、适时交互、高效协同的复杂系统,实现系统内资源配置和运行的按需响应、快速迭代、动态优化。我们把信息物理系统定位为支撑两化深度融合的一套综合技术体系,这套综合技术体系包含硬件、软件、网络、工业云等一系列信息通信和自动控制技术,这些技术的有机组合与应用,构建起一个能够将物实体和环境精准映射到信息空间,并进行实时反馈的智能系统,作用于生产制造全过程、全产业链、产品全生命周期,重构制造业范式。

本质。基于硬件、软件、网络、工业云等一系列工业和信息技术构建起的智能系统,其最终目的是实现资源优化配置。实现这一目标的关键要靠数据的自动流动,在流动过程中数据经过不同的环节,在不同的环节以不同的形态(隐性数据、显性数据、信息、知识)展示出来,在形态不断变化的过程中逐渐向外部环境释放蕴藏在其背后的价值,为物理空间实体"赋予"实现一定范围内资源优化的"能力"。因此,信息物理系统的本质就是**构建一套信息空间与物理空间之间基于数据自动流动的状态感知、实时分析、科学决策、精准执行的闭环赋能体系**,解决生产制造、应用服务过程中的复杂性和不确定性问题,提高资源配置效率,实现资源优化。CPS 的本质如图 1-2 所示。

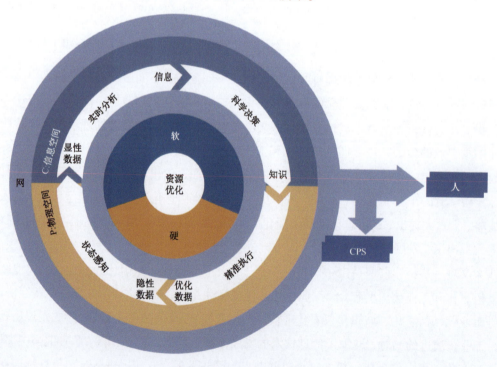

图 1-2 CPS 的本质

实现数据的自动流动具体来说需要经过四个环节，分别是：状态感知、实时分析、科学决策、精准执行。大量蕴含在物理空间中的隐性数据经过状态感知被转化为显性数据，进而能够在信息空间进行计算分析，将显性数据转化为有价值的信息。不同系统的信息经过集中处理形成对外部变化的科学决策，将信息进一步转化为知识。最后以更为优化的数据作用到物理空间，构成一次数据的闭环流动。

状态感知，是对外界状态的数据获取。生产制造过程中蕴含着大量的隐性数据，如物理实体的尺寸、运行机理、外部环境的温度、液体流速、压差等。状态感知通过传感器、物联网等一些数据采集技术，将这些蕴含在物理实体背后的数据不断地传递到信息空间，使得数据不断"可见"，变为显性数据。状态感知是对数据的初级采集加工，是一次数据自动流动闭环的起点，也是数据自动流动的源动力。

实时分析，是对显性数据的进一步理解，将感知的数据转化成认知的信息的过程，是对原始数据赋予意义的过程，也是发现物理实体状态在时空域和逻辑域的内在因果性或关联性的过程。大量的显性数据并不一定能够直观地体现出物理实体的内在联系。这就需要经过实时分析环节，利用数据挖掘、机器学习、聚类分析等数据处理分析技术对数据进一步分析估计，使得数据不断"透明"，将显性化的数据进一步转化为直观、可理解的信息。此外，在这一过程中，人的介入也能够为分析提供有效的输入。

科学决策，是对信息的综合处理。决策是根据积累的经验、对现实的评估和对未来的预测，为了达到明确的目的，在一定的条件约束下的最优决定。在这一环节，CPS能够权衡判断当前时刻获取的所有来自不同系统或不同环境下的信息，形成最优决策来对物理空间实体进行控制。分析决策并最终形成最优策略是CPS的核心关键环节。这个环节不一定在系统最初投入运行时就能产生效果，往往在系统运行一段时间之后逐渐形成一定范围内的知识。对信息的进一步分析与判断，使得信息真正转变成知识，并且不断地迭代优化，形成系统运行、产品状态、企业发展所需的知识库。

精准执行，是对决策的精准物理实现。在信息空间分析并形成的决策最终将会作用到物理空间，而物理空间的实体设备只能以数据的形式接受信息空间的决策。因此，执行的本质是将信息空间产生的决策转换成物理实体可以执行的命令，进行物理层面的实现。输出更为优化的数据，使得物理空间设备运行更加可靠，资源调度更加合理，实现企业高效运营，各环节智能协同效果逐步优化。

螺旋上升，数据在自动流动的过程中逐步由隐性数据转化为显性数据，显性数据分析处理成为信息，信息最终通过综合决策判断转化为有效的知识，并固化在CPS中，同时产生的决策通过控制系统转化为优化的数据作用到物理空间，使得物理空间的物理实体朝向资源配置更为优化的方向发展。从这一层面来看，数据自动流动应是以资源优化为最终目标"螺旋式"上升的过程。另一角度对CPS的认识如图1-3所示。

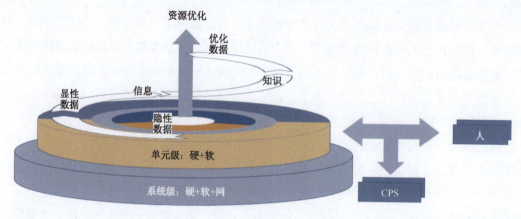

图 1-3 另一角度对 CPS 的认识

1.2.2 CPS 的层次

CPS 具有层次性，一个智能部件、一台智能设备、一条智能产线、一个智能工厂都可能成为一个 CPS。同时 CPS 还具有系统性，一个工厂可能涵盖多条产线，一条产线也会由多台设备组成。因此，对 CPS 的研究要明确其层次，定义一个 CPS 最小单元结构。

本部分尝试给出了 CPS 最小单元结构，从最简单的 CPS 入手，对其基础特征进行分析，逐渐扩展过渡到 CPS 的高级形态。在这一逐渐递增的过程中，CPS 需要相关技术实现相关功能，同时表现出更高级的特征。

按照本文对 CPS 外延的理解，本部分将 CPS 划分为单元级、系统级、SoS 级三个层次。单元级 CPS 可以通过组合与集成（如 CPS 总线）构成更高层次的 CPS，即系统级 CPS；系统级 CPS 可以通过工业云、工业大数据等平台构成 SoS 级的 CPS，实现企业级层面的数字化运营。CPS 的层次演进如图 1-4 所示。

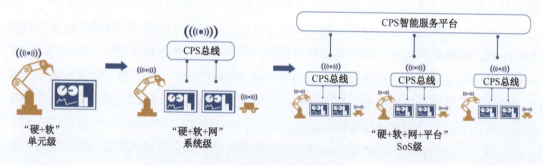

图 1-4 CPS 的层次演进

单元级 CPS：一个部件如智能轴承，一台设备如关节机器人等都可以构成一个 CPS 最小单元，单元级 CPS 具有不可分割性，其内部不能分割出更小的 CPS 单元，如图 1-5 所示。单元级 CPS 能够通过物理硬件（如传动轴承、机械臂、电机等）、自身嵌入式软件系统及通信模块，构成含有"感知-分析-决策-执行"数据自动流动基本的闭环，实现在设备工作能力范围内的资源优化配置（如优化机械臂、AGV 小车的行驶路径等）。在这一层级上，感知和自动控制硬件、工业软件及基础通信模块主要支撑和定义产品的功能。

系统级 CPS：在单元级 CPS 的基础上，通过网络的引入，可以实现系统级 CPS 的协同调配，如图 1-6 所示。在这一层级上，多个单元级 CPS 及非 CPS 单元设备的集成构成系统级 CPS，如一条含机械臂和 AGV 小车的智能装配线。多个单元级 CPS 汇聚到统一的网络（如 CPS 总线），对系统内部的多个单元级 CPS 进行统一指挥，实体管理（如根据机械臂运行效率，优化调度多个 AGV 的运行轨迹），进而提高各设备间协作效率，实现产线范围内的资源优化配置。在这一层级上，网络联通（CPS 总线）至关重要，确保多个单元级 CPS 能够交互协作。

图 1-5　单元级 CPS 示意图　　　　图 1-6　系统级 CPS 示意图

SoS 级 CPS：在系统级 CPS 的基础上，可以通过构建 CPS 智能服务平台，实现系统级 CPS 之间的协同优化，如图 1-7 所示。在这一层级上，多个系统级 CPS 构成了 SoS 级 CPS，如多条产线或多个工厂之间的协作，以实现产品生命周期全流程及企业全系统的整合。CPS 智能服务平台能够将多个系统级 CPS 工作状态统一监测，实时分析，集中管控。利用数据融合、分布式计算、大数据分析技术对多个系统级 CPS 的生产计划、运行状态、寿命估计统一监管，实现企业级远程监测诊、供应链协同、预防性维护，实现更大范围内的资源优化配置，避免资源浪费。

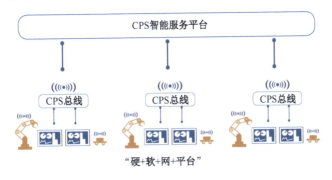

图 1-7　SoS 级 CPS 示意图

对 CPS 层次的划分使得我们对 CPS 的认识又有了更加深刻的理解。因此，参照图 1-8 可以全面认识 CPS 的本质。同时，参照图 1-9 可以从另外一个角度重新理解 CPS 的本质与三类 CPS 之间的关系。

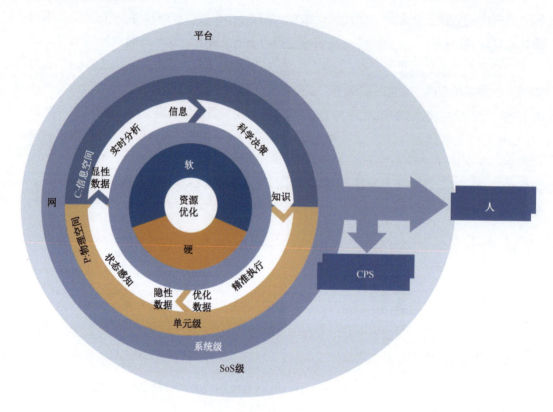

图 1-8 对 CPS 的再认识

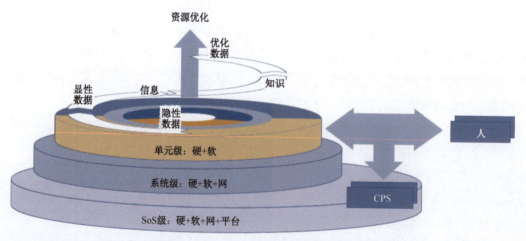

图 1-9 从另外一个角度对 CPS 的再认识

1.2.3 CPS 的特征

CPS 作为支撑两化深度融合的一套综合技术体系，构建了一个能够联通物理空间与信息空间，驱动数据在其中自动流动，实现对资源优化配置的智能系统。这套系统的灵魂是数据，在系统的有机运行过程中，通过数据自动流动对物理空间中的物理实体逐渐"赋能"，实现对特定目标资源优化的同时，表现出六大典型特征，总结为：数据驱动、软件定义、泛在连接、虚实映射、异构集成、系统自治。理解 CPS 的特征不能从单一个方面、单一层次来看，要结合 CPS 的层次分析，在不同的层次上呈现出不同的特征。

1.2.3.1　数据驱动

数据普遍的存在于工业生产的方方面面，其中大量的数据是隐性存在的，没有被充分利用并挖掘出其背后潜在的价值。CPS 通过构建"状态感知、实时分析、科学决策、精准执行"数据的自动流动的闭环赋能体系，能够将数据源源不断地从物理空间中的隐性形态转化为信息空间的显性形态，并不断迭代优化形成知识库。在这一过程中，状态感知的结果是数据；实时分析的对象是数据；科学决策的基础是数据；精准执行的输出还是数据。因此，数据是 CPS 的灵魂所在，数据在自动生成、自动传输、自动分析、自动执行及迭代优化中不断累积，螺旋上升，不断产生更为优化的数据，能够通过质变引起聚变，实现对外部环境的资源优化配置。

12.3.2　软件定义

软件正和芯片、传感与控制设备等一起对传统的网络、存储、设备等进行定义，并正在从 IT 领域向工业领域延伸。工业软件是对各类工业生产环节规律的代码化，支撑了绝大多数的生产制造过程。作为面向制造业的 CPS，软件就成为了实现 CPS 功能的核心载体之一。从生产流程的角度看，CPS 会全面应用到研发设计、生产制造、管理服务等方方面面，通过对人、机、物、法、环全面感知和控制，实现各类资源的优化配置。这一过程需要依靠对工业技术模块化、代码化、数字化并不断软件化被广泛利用。从产品装备的角度看，一些产品和装备本身就是 CPS。软件不但可以控制产品和装备运行，而且可以把产品和装备运行的状态实时展现出来，通过分析、优化，作用到产品、装备的运行，甚至是设计环节，实现迭代优化。

1.2.3.3　泛在连接

网络通信是 CPS 的基础保障，能够实现 CPS 内部单元之间及与其他 CPS 之间的互连互通。应用到工业生产场景时，CPS 对网络连接的时延、可靠性等网络性能和组网灵活性、功耗都有特殊要求，还必须解决异构网络融合、业务支撑的高效性和智能性等挑战。随着无线宽带、射频识别、信息传感及网络业务等信息通信技术的发展，网络通信将会更加全面、深入地融合信息空间与物理空间，表现出明显的泛在连接特征，实现在任何时间、任何地点、任何人、任何物都能顺畅通信。构成 CPS 的各器件、模块、单元、企业等实体都要具备泛在连接能力，并实现跨网络、跨行业、异构多技术的融合与协同，以保障数据在系统内的自由流动。泛在连接通过对物理世界状态的实时采集、传输，以及信息世界控制指令的实时反馈和下达，提供无处不在的优化决策和智能服务。

1.2.3.4 虚实映射

CPS 构筑信息空间与物理空间数据交互的闭环通道，能够实现信息虚体与物理实体之间的交互联动。以物理实体建模产生的静态模型为基础，通过实时数据采集、数据集成和监控，动态跟踪物理实体的工作状态和工作进展（如采集测量结果、追溯信息等），将物理空间中的物理实体在信息空间进行全要素重建，形成具有感知、分析、决策、执行能力的数字孪生（也叫作数字化映射、数字镜像、数字双胞胎）。同时借助信息空间对数据综合分析处理的能力，形成对外部复杂环境变化的有效决策，并通过以虚控实的方式作用到物理实体。在这一过程中，物理实体与信息虚体之间交互联动，虚实映射，共同作用，提升资源优化配置效率。

1.2.3.5 异构集成

软件、硬件、网络、工业云等一系列技术的有机组合构建了一个信息空间与物理空间之间数据自动流动的闭环"赋能"体系。尤其在高层次的 CPS，如 SoS 级 CPS 中，往往会存在大量不同类型的硬件、软件、数据、网络。CPS 能够将这些异构硬件（如 CISC CPU、RISC CPU、FPGA 等）、异构软件（如 PLM 软件、MES 软件、PDM 软件、SCM 软件等）、异构数据（如模拟量、数字量、开关量、音频、视频、特定格式文件等）及异构网络（如现场总线、工业以太网等）集成起来，实现数据在信息空间与物理空间不同环节的自动流动，实现信息技术与工业技术的深度融合，因此，CPS 必定是一个对多方异构环节集成的综合体。异构集成能够为各个环节的深度融合打通交互的通道，为实现融合提供重要保障。

1.2.3.6 系统自治

CPS 能够根据感知到的环境变化信息，在信息空间进行处理和分析，自适应地对外部变化做出有效响应。同时在更高层级的 CPS 中（即系统级、SoS 级），多个 CPS 之间通过网络平台互连（如 CPS 总线、智能服务平台）实现 CPS 之间的自组织。多个单元级 CPS 统一调度，编组协作，在生产与设备运行、原材料配送、订单变化之间自组织、自配置、自优化，实现生产运行效率的提升，订单需求的快速响应等；多个系统级 CPS 通过统一的智能服务平台连接在一起，在企业级层面实现生产运营能力调配，企业经营高效管理、供应链变化响应等更大范围的系统自治。在自优化、自配置的过程中，大量现场运行数据及控制参数被固化在系统中，形成知识库、模型库、资源库，使得系统能够不断自我演进与学习提升，提高应对复杂环境变化的能力。

解决方案篇

行业共性解决方案是推动 CPS 落地与发展的重要抓手，既可以促进关键共性技术的突破，又可以指导企业的个性化应用，具有较高的示范推广价值。目前，打造基于 CPS 的行业应用解决方案正成为制造业数字化、网络化、智能化转型发展的风向标。为让读者深刻了解 CPS 的实现方式，也为 CPS 的各项关键技术进行深度解读，特编制"解决方案篇"。

本篇共收录了 12 个国内典型的 CPS 行业解决方案，站在解决方案供应商和第三方的角度，总结归纳了共性技术平台、测试验证、行业应用等方面内容，形成了单元级、系统级和 SoS 级的 CPS 行业解决方案及公共服务方案。希望本篇能为更多的行业应用提供方法论上的参考，有效推动 CPS 解决方案持续创新。

案例1　和利时基于模型的数字孪生运行平台的CPS应用

摘要

工厂万物互连正一步步成为现实，基于建模思想为生产制造过程中的设备、产线、工艺、文件、原料、产品和人等各类实体，分别建立虚拟世界里的数字孪生映射，现实中各实体之间的联系和作用在数字空间中用模型对象及对象之间的关系重构，实现数字化的虚拟生产过程，开启软件定义制造新时代。各类数据的自由流动可以激发出最大化的价值，未来企业信息系统架构的发展方向是扁平化、网络化。通过引入OPC UA用于企业的信息建模、动态交互和通信架构，实施CPS，实现ICT与OT的深度融合。

前言

和利时是中国领先的工业自动化与信息化解决方案提供商，业务覆盖工业自动化、轨道交通自动化和医疗自动化三大领域，主要产品有分布式控制系统（DCS）、可编程控制器（PLC/MC）、综合监控系统（SCADA）、高速铁路信号系统（CTCS2/3）等。面向未来，公司将智能制造与工业互联网作为主攻方向，基于CPS理念构建起HiaCloud/HiaCube/HiaEdge"云-企-端"三层协同的工业互联网平台。

一、数字孪生运行平台基础要素

CPS分为单元级、系统级与SoS级，和利时的HiaCube平台采用基于模型的方式，对集团内各子公司的系统级产品进行定义与开发，这些产品涵盖了离散制造、过程制造、食品医药与轨道交通等。

数字孪生是CPS中的核心概念，它是一套从微观层面对CPS（软件/硬件）的共性要素进行抽象与汇总的基本抽象单元。它的作用与化学领域的分子结构图和化学方程式相似：一组化学物质的特性可以通过对应的分子模型与化学模型进行定性描述；而在智能制造领域，一套CPS的特性则可通过一组数字孪生的模型进行定性描述，如图1所示。

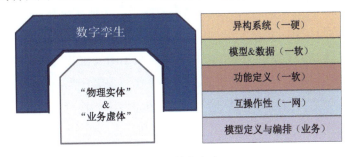

图1　数字孪生

和利时根据企业发展的需求，通过对 CPS 核心要素的整合，提供一套用于定义与支撑数字孪生的基础平台（如图 2 所示），从而大幅提高 CPS 的定制化开发效率，降低成本。

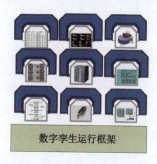

图 2　数字孪生基础平台

二、提升 CPS 系统业务定制开发效率的平台

和利时每年所承接的系统级 CPS 项目众多，这些项目涉及各业务领域，如化工、电厂、仓储、轨道、食品、医疗等；而且在各领域中，客户需求也存在较大差异。在这种情况下，和利时内部的各子公司需要根据不同行业的应用场景定制相应的 CPS 产品，如图 3 所示。

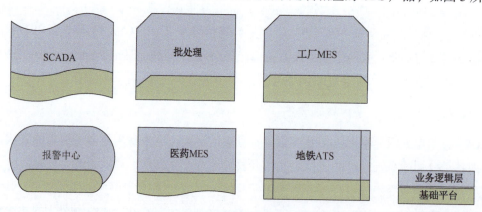

图 3　个性化需求

多年的项目积累总结发现在自动化与智能制造的各类 CPS 中，存在着大量的共性特征，如设备集成（一硬）、信息模型（一软）、功能开发（一软）、网络服务（一网）、工程组态（业务）等。由于这些共性特征的开发需要由集团各子公司独立完成，因此，对开发资源造成了极大的浪费，而且由于各子公司的开发人员技术素养各不相同，不同的产品线的研发成果也都存在着某些先天不足的问题，难以支撑未来不断变化的用户需求，如图 4 所示。

为了在将来的项目中避免重复性的基础开发工作，提高产品质量，集团决定将各业务 CPS 系统中的共性要素进行抽取与整合，并由集团研发中心构建一套统一的平台，这是产生和利时 HiaCube 平台的整体背景。

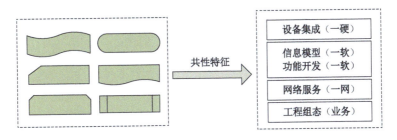

图 4 提取共性特征

信息物理系统（CPS）是 HiaCube 平台的核心设计理念，其中心思想是通过 CPS 的基础特性，构建一套具有丰富多样性的协同化系统。HiaCube 平台具备以下核心特性。

（一）异构系统集成（一硬）：通过通信框架，将 CPS 中不同通信协议的硬件资源进行整合。

（二）数字孪生模型（一软+虚实映射）：将 CPS 中的设备、资产、物料等实体资源，以及算法、配方、工作流等虚体资源统一抽象为信息模型。

（三）互操作性（一网+泛在连接）：通过 OPC UA 解决水平信息协同与垂直信息整合两个维度的 CPS 互操作问题。首先，水平维度的互操作能够确保不同种类的系统与系统、系统与设备间的协作问题，其次，垂直维度的互操作能够解决 IT 系统与 OT 系统间的集成问题。

（四）数字孪生开发环境（一软）：提供一套完整的 SDK 用于对框架资源进行调度，从而帮助不同行业的设计人员，根据实际项目需求高效定制相应的数字孪生逻辑。

（五）数字孪生建模与编排工具（业务）：为设计人员与工程人员提供一套统一建模工具，用于定义与编排数字孪生。

三、HiaCube 数字孪生的构建与开发流程

（一）技术方案

1. 整体架构

和利时 HiaCube 平台的整体架构，如图 5 所示，该平台由以下几部分组成。

基础设施：提供服务部署、管理与运维等基础功能，以及与安全（证书、授权）相关的基础服务。

后台服务：由数字孪生运行平台、数据库、IT 业务框架作为平台的基础功能支撑；其中，数字孪生运行平台采用 OPC UA 统一框架作为数字孪生的落地技术，数据库与 IT 业务框架为互联网中通用的各类技术（如 SQL、时序数据库、大数据分析框架等）。

中台服务：通过微服务通信（如 RESTful，MQTT）及业务中间件将各个后台程序间的数据、业务进行串联，从而实现 IT/OT 的融合。

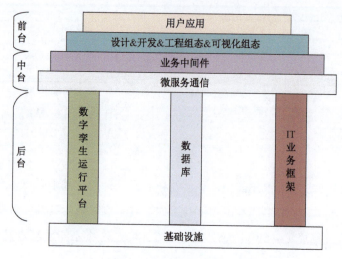

图 5 和利时 HiaCube 平台的整体架构

前台应用：为开发者与工程人员及最终用户提供一系列工具及可视化界面；其中，设计、开发、工程组态、可视化组态为开发者、行业专家、工程实施人员提供了数字孪生建模、IT 业务建模及可视化界面的设计与开发门户；经过上述参与者的开发与工程实施后，便形成了用户应用前台，可供最终用户进行使用。

后台服务中的数字孪生运行平台是 HiaCube 的核心技术，该平台采用 OPC UA 统一架构支撑 OPC UA 模型（即数字孪生体）的信息、通信及业务功能运行；同时，该运行平台采用微服务的设计方式，即将不同类别的功能及模型（如仓储调度、能源管理、综合监控）分布在各个节点上独立运行，并通过 OPC UA 实现各服务间的互连互通，如图 6 所示。

不同类型的数字孪生会根据不同的业务场景（生产、仓储、能源、产品），被编排到 CPS 的各网络节点中（监控系统、生产执行系统、仓储调度系统），这一过程主要由 HiaCube 的建模与工程管理中心负责完成；同时，通过 OPC UA 通信总线，各系统间可以建立起自由且无缝的协同关系。

2. 核心技术点

数字孪生是 CPS 中的核心概念，其主要思想在于借助 IT 技术将实体与虚体抽象为统一的信息资源，并通过虚实联动，实现智能化的制造过程。OPC UA 是 HiaCube 实现 CPS 的重要技术，其各方面的技术特性均与数字孪生概念一一对应，因此，和利时 HiaCube 平台选择 OPC UA 框架作为基础支撑技术，从而满足未来智能制造中一系列复杂的业务场景。

数字孪生的实现依赖于不同维度的要素，它们分别是异构系统（一硬）、信息与数据（一软）、互操作性（一网）、功能定义（框架），以及模型定义与编排（业务）。下面分别给出简单介绍。

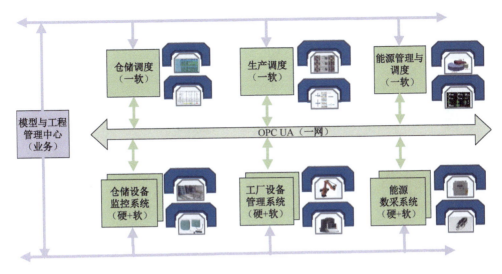

图 6　互连互通

1）异构系统（一硬）。

和利时 HiaCube 平台具有一套灵活的协议适配框架，能够将 CPS 中各行业的协议、规约及非标准协议转化为标准格式，确保 CPS 对异构系统间的整合能力，如图 7 所示。

图 7　异构集成

2）模型与数据（一软）。

信息模型与数据能够将 CPS 中的设备、资产、物料等实体资源，以及算法、配方、工作流等虚体资源统一抽象为信息模型。

信息模型又称地址空间（Address space），它是由一系列拥有具体含义的结构与数据所组成的信息集合。地址空间采用面向对象的模型化思想进行设计，从而能够适用于自动化领域的各个行业及不同功能范围。由于其丰富的数据类型及灵活的组织方式，因此，能够对数据、业务逻辑、历史数据、事件、报警、任务等进行统一管理与描述。

和利时 HiaCube 平台借助信息模型描述 CPS 各系统的语义信息，如内部数据构成（参数、变量、事件）、对象间层级组织关系、协同关系、模型定义等，如图 8 所示。

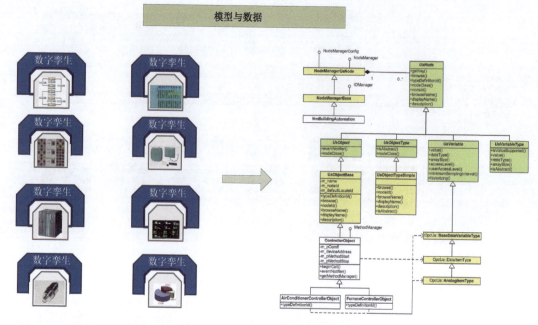

图 8　信息模型

3）互操作性（一网）。

CPS 集成过程中涉及各种复杂的互连互通问题，这些互连互通问题可以划分为互连、互通、互操作几个层次。其中，互连与互通主要解决数据传输及传输格式统一的基础性问题，而互操作则用于解决 CPS 间水平信息协同与垂直信息整合两个维度的语义问题。

和利时 HiaCube 平台通过 OPC UA 实现 CPS 的互操作性，该标准提供的通信与服务集能够确保不同行业（生产、仓储、能源）、不同性质（实体、虚体）的 CPS 间进行无缝的数据交互及语义交换。同时，互操作性能够确保不受物理主机及网络拓扑结构的限制。无论是单机单进程间的数字孪生，还是处于不同网络节点的数字孪生，均能通过 OPC UA 的方式进行交互。

同时，和利时 HiaCube 平台借助 OPC UA 的安全机制，解决了 CPS 间信息传输的安全性问题，如图 9 所示。

4）功能定义（一软）。

CPS 中的信息模型需要由业务逻辑驱动，不同类型的 CPS 需要具备不同的业务逻辑，借此在数字空间再现纷繁多彩、变化无穷的大千世界。和利时 HiaCube 平台提供了灵活、高效的处理引擎及功能丰富的 SDK 开发包，从而支持不同的 CPS 业务场景。CPS 功能图如图 10 所示。

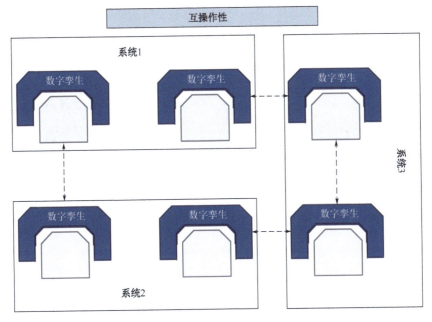

图 9 互操作示意图

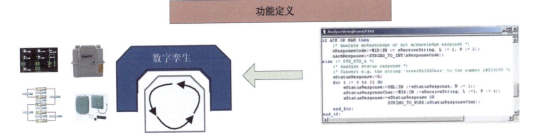

图 10 CPS 功能图

5)模型定义与编排(业务)。

CPS 通常由两类人员进行构建,首先,行业专家负责根据不同行业的需求对数字孪生的信息模型进行定义,并对业务逻辑进行编写。随后,工程人员就可以根据行业专家所定义的信息模型,对自动化工程进行组态,其中,包括数字孪生的创建、参数设置、联动关系组织、采集通信配置等。

在和利时 HiaCube 平台中,被行业专家和工程人员设计与编辑后的数字孪生将被保存在模型与工程数据库和代码库中,并由运行平台加载到自己的处理引擎及模型空间中,并启动运行。

3. 功能描述

和利时 HiaCube 平台通过一套通用的内核程序运行数字孪生的信息、数据及功能逻辑。图 11 以和利时电子车间为例,展示 HiaCube 平台采用数字孪生技术所构建的 CPS 应用场景。

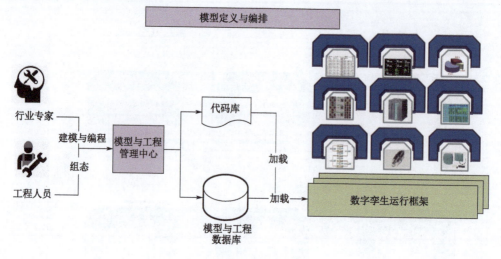

图 11 模型定义与编排

车间监控系统负责将 CPS 中的机器手、数控机床、控制器、传感器等实体进行资源化映射,并由车间设备监控系统直接进行统一管理。而生产调度与管理系统通过与设备监控系统的协同,通过其自身的配方、工作流等虚体资源直接与机器手、数控机床、控制器、传感器虚体通信,实现扁平化、网状的通信架构,这种架构具有极大的灵活性和适应性。同时,该系统还负责汇聚设备的运行状态信息,并根据分析策略产生相应的故障诊断与报警信息。CPS 应用场景如图 12 所示。

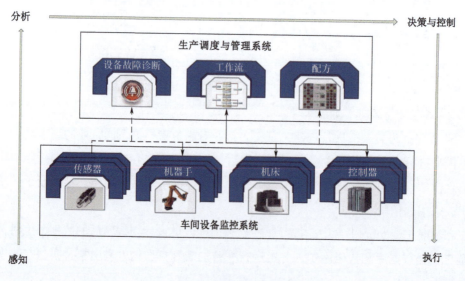

图 12 CPS 应用场景

(二)标准化需求

和利时 HiaCube 平台主要借鉴以下国际标准。

(1) OPC UA:提供 CPS 的基础信息模型定义及互操作性接口定义。

（2）ISA 95：提供 CPS 的工厂信息模型的定义方法，该标准与 OPC 基金会共同推出了 ISA 95。

（3）FDI：提供 CPS 的设备资产集成信息模型，与 OPC 基金会共同推出 OPC UA&FDI。

（4）AutoID：由 AIM 组织提出的标签技术相关的信息模型，主要运用于 CPS 的标签领域；该标准与 OPC 基金会共同推出 AutoID OPC UA Companion Specification。

（5）VDMA(Machine Vision)：CPS 机器视觉相关信息模型，与 OPC 基金会共同推出 VDMA。

（三）实施步骤

1. 设备和产线智能化建设

主要任务是 CPS 设备和产线的智能化建设，新建设了自动化贴装焊接线、选择性波峰焊线、自动化模块装配测试线、元器件立体库和 AGV 物流系统。

2. 设备建模与系统互连

实施设备信息建模与各系统互连互通。采用 HiaCube 平台为所有 CPS 设备建立信息模型，建立模型与设备的信息交互方式，主要有 IO 硬接线、标准和定制通信接口，以获取设备的运行数据和状态、参数设置。用 HiaCube 实现与工厂、车间、产线、设备、物料、产品、人员的连接，以及与 ERP、CRM、SCM、PDM 的互连。

3. 应用搭建

在 HiaCube 平台上以组件化方式开发了生产数据采集、生产可视化、综合看板、生产管理应用、仓库管理、设备及维修管理、质量管理与追溯和能源管控等功能，并且具备持续改进和追加功能的能力。

四、应用效果

（一）总体效果

在和利时电子公司智能工厂项目中，通过 HiaCube 平台的异构系统集成能力，将各种不同的生产设备、软件系统和工作人员无缝地集成到统一的框架系统中，并借助框架的互连互通特性，实现 CPS 内各种实体与虚体资源的协同工作，从而构建出多样性的业务场景。从公司层面看，HiaCube 实现了从工程技术、生产制造、供应链三个维度的综合集成，物流、信息流和控制流高效流动，生产运行管理达到全面数字化、流程化和智能化。

（二）企业效益

和利时通过智能工厂建设带来的直接经济指标提升如下：

（1）自动化软件研发成本降低 60%；

（2）产品一次合格率达到 99.5%；

（3）产品返修率低于 0.3%；

（4）生产人员减少 40.7%；

（5）生产效率提升 50%；

（6）生产能力达 158 万模块/年以上；

（7）定制产品从需求确定到样机制造完成时间缩减为 8 周；

（8）支持单件订单生产。

案例 2　ANSYS 在泵系统领域基于数字孪生的 CPS 应用

摘要

本案例基于 CPS 技术体系，利用真实泵系统上集成的传感器数据，通过 PTC 公司的 IoT 平台进行数据交互和互连，将真实的工作数据反馈到仿真分析模型中，实现真实世界系统与数字世界系统同步运行。ANSYS 软件提供三维物理场模型并进行模拟，包含从系统到部件，从硬件到软件完整的数字孪生，为操作人员提供全面的性能数据，实现操作标准化、可视化，摆脱了基于直觉与经验的操作模式，帮助操作人员快速、准确地预测泵系统潜在的故障点。

前言

ANSYS 公司是全球最大的仿真软件公司。仿真领域包含了流体、结构、电磁、半导体、嵌入式软件、多物理场、系统等各个领域。通过使用 ANSYS 仿真软件，可实现产品从概念设计到虚拟试验验证的全设计流程选型、优化、验证工作。

一、打破技术限制，反映产品全生命周期

仿真软件的传统应用领域是在产品的设计阶段。通过 CPS 技术体系，可将仿真软件的应用领域推广到产品的运行维护阶段，从而提高产品的运行效率，延长产品寿命，提高现场排故效率。

在传统的产品系统运行与维护过程中，操作人员须通过对安装在各个位置处的传感器数据进行判断，进行日常维护、故障预警与排故诊断工作。由于传感器技术本身的限制，某些关键部位的特性数据无法获知，例如，泵内流场分布，对于泵的工况判断极为重要，但却无法通过安装传感器获得。因此，传统运行维护过程中的故障报警与排故工作，与操作人员的经验极为相关，并且操作本身带有较多的不确定性，难以实现标准化操作流程。通过 CPS 技术体系，可把仿真软件的应用领域从产品研发阶段扩展到整个产品生命周期，从而极大拓展仿真软件的使用环境。

二、建立数字孪生，摆脱传统操作模式

在数字世界建立一个与真实世界泵系统运行性能完全一致，并且可实现实时仿真的仿真模型。利用安装在真实泵系统上的传感器数据作为仿真模型的边界条件，实现真实世界的泵系统与数字世界的泵系统同步运行。对于传感器无法获得的泵系统数据，可通过仿真结果获得，从而为操作人员提供全面的泵系统性能数据，实现操作标准化，摆脱依靠直觉与经验判断的操作模式。

通过 IoT 平台，将实物泵系统与数字泵系统连接在一起，并增加了监控平台、增强现实功能，从而开发出完整的泵系统数字孪生。

三、数字孪生的构建

（一）系统架构

本方案的架构如图 1 所示，采用福斯（FLOWSERVE）泵系统作为实物系统，通过布置于系统上的传感器采集数据，并通过美国国家仪器有限公司的数据采集系统将数据通过网线传递给 PTC 公司的 IoT 平台，在 IoT 平台上实现数据监控和仿真应用的实施。数据在到达 IoT 平台后传递给由 ANSYS 软件建模的 FLOWSERVE 泵系统的虚拟系统。该虚拟系统中的泵内流场分析、电机电磁场分析和电机散热采用三维降阶模型，实现了高精度、高速度仿真，为实物系统与虚拟系统的同步运行提供了可能。另外，为了增加虚拟系统的可操作性，ANSYS 软件为虚拟系统设计了一套虚拟控制台，既可实现虚拟系统的离线仿真，也可实现与实物系统连接的交互式仿真与操作。

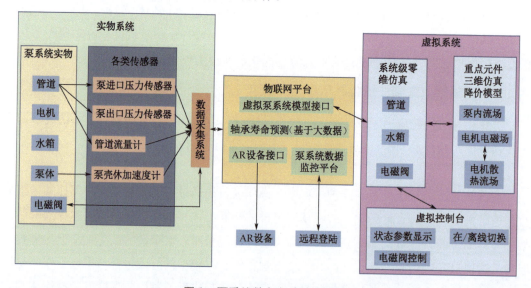

图 1　泵系统数字孪生架构简图

1. 实物系统介绍

泵系统实物图如图 2 所示。本实物系统由多个厂家设备组成，实现了基本的泵循环，并通过各类传感器与数据采集设备实现了与外界的数据交换。

本例泵系统仅供演示使用，其原理如图 3 所示。水箱中的水经电磁阀流入泵，泵由电机驱动，泵加压后的水经电磁阀流回水箱。在这一过程中，泵的进出口安装了压力传感器，泵出口管路安装了流量计，泵壳体安装了加速度计。

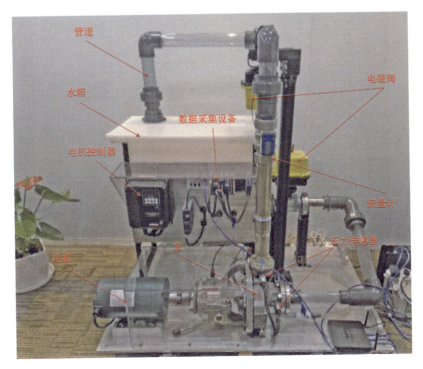

图 2　泵系统实物图

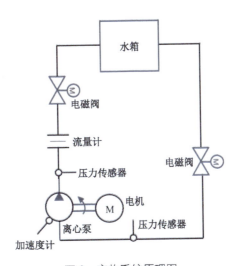

图 3　实物系统原理图

2. 物联网平台简介

本例采用的物联网平台是 PTC 公司的 ThingWorx 平台，其架构如图 4 所示，以系统的行为级模型为核心，实现平台的工业连接性、分析、设备管理和增强现实功能。本例中最核心的应用为通过该平台的工业连接性实现与实物泵系统的连接，通过分析接口实现了与 ANSYS 仿真平台的连接。

图 4 PTC ThingWorx 平台架构

除了上述连接实现了实物系统与虚拟系统的连接，ThingWorx 平台还提供了实物系统参数监视平台应用与增强现实功能应用。如图 5、图 6 所示，分别为泵系统参数监控平台和泵系统增强现实图像。

图 5 泵系统监控平台

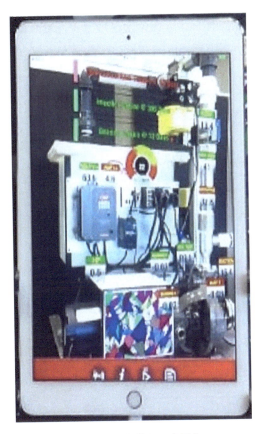

图 6　泵系统增强现实图像

3. 虚拟系统建模介绍

本例虚拟系统是采用 ANSYS 软件进行建模的，其模型分成三部分：系统模型、三维降阶模型、虚拟控制台。整个模型采用系统模型的仿真工具 Simplorer 作为平台，将三维降阶模型与虚拟控制台集成在该平台上。图 7 为在 Simplorer 环境下的虚拟系统整体模型，由 Simplorer 零维模型元件搭建除泵外的其他管路系统模型，包括水箱、管道和两个电磁阀，并在与实物系统相同的位置设置虚拟传感器与系统仿真边界条件。为实现泵三维流场与管路系统的耦合仿真，对用 Fluent 建立的泵三维内流场仿真模型进行降阶，在确保仿真精度前提下，大幅度提高仿真速度，从而实现了该系统的实时仿真。为了确保虚拟系统的仿真精度与应用面，虚拟系统对泵的驱动电机也进行了建模。其中，电机本体采用 Maxwell 建立的三维电磁场与电磁力的降阶模型，电机散热三维外流场为 Fluent 降阶模型，电机控制模块与电机电路均由 Simplorer 零维模型搭建而成，电机与泵之间通过力矩与转速的信号传递实现耦合。通过上述步骤，实现管路系统、电机系统与散热系统的多物理域零维到三维耦合实时仿真模型。

4. 降阶模型介绍

降阶模型生成技术是 ANSYS 独有的技术。通过 DOE、深度学习、奇异值分解（SVD）

等多种统计与数据处理技术，对三维仿真模型在指定工况参数空间内的全部工作特性进行拟合，可保持在98%三维仿真模型精度的基础上，实现仿真时间从小时级到秒级的跨越。

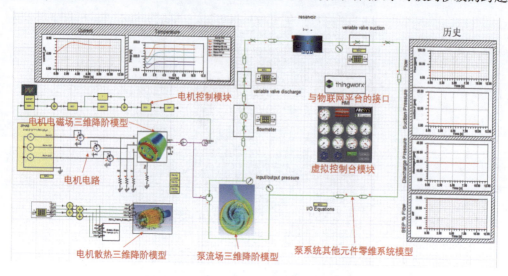

图7 在Simplorer环境下的虚拟系统整体模型

下面通过一个案例说明降价模型的优越性。图8为汽车发动机外壳温度场CFD与降阶模型计算对比。ANSYS通过对这一CFD仿真进行深度学习分析，获得降阶模型。在CFD仿真与降阶模型对比中，CFD仿真采用16核服务器计算2小时获得的温度场分布与降阶模型采用笔记本电脑计算3秒钟获得的温度场分布的最大误差仅为1.2%。

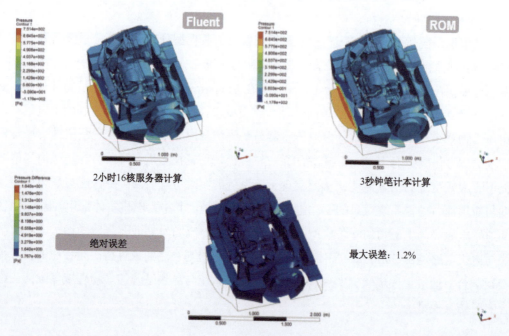

图8 汽车发动机外壳温度场CFD与降阶模型计算对比

（二）实施步骤

数字孪生项目的实施步骤分为：1. 数字孪生应用目标定义；2. 虚拟模型建立；3. 传感器布置；4. IoT 平台部署。其中，工作量大，并且重要的步骤是建立虚拟模型。

1. 数字孪生应用目标定义

由于真实系统包含多个方面，尚无法在同一个仿真模型中全部包含目前仿真技术，因此，在项目实施的最初阶段，需要对数字孪生应用目标进行定义。本项目的数字孪生应用目标定义为：通过使用数字孪生，实现泵、电机的详细运行数据获取，通过对泵、电机的详细运行数据获取，实现操作优化、故障预警、故障诊断、排故方案评估等功能。

2. 虚拟模型建立

在完成数字孪生应用目标定义后，即可根据应用目标，对数字模型进行建模。根据上述目标，需首先建立泵系统的零维模型（此时的泵元件为 Simplorer 自带泵模型，泵的叶轮轴由 Simplorer 自带的转速源模型驱动）。完整泵系统的零维模型调试完成后，建立泵元件的详细三维流场仿真模型。在完成泵元件的三维流场仿真模型调试后，提取出泵元件的降阶模型，并替换掉原先泵系统中的泵元件零维模型，并进行调试。采用相同步骤建立三维电机降阶模型，并用 Simplorer 自带元件建立电机电路与控制模块，将三维电机降阶模型、电路模块与控制模块进行耦合调试，其中，电机负载采用扭矩源模型代替。电机系统调试完毕后，将三维电机降阶模型的输出转速作为泵的转速源模型的输入信号，将泵三维降阶模型的输出扭矩作为电机扭矩源模型的输入信号，从而实现了电机系统与泵系统的耦合。最后，建立电机散热模型，并将散热模型的输出温度场与电机的热耗率场进行耦合，实现电机包含散热效果的特性仿真。当全部调试完成后，建立虚拟模型。

3. 传感器布置

在完成虚拟模型后，须考虑如何实现虚拟系统与实物系统的同步运行。因此，需要在虚拟系统边界条件输入位置和实物系统相应位置安装相应的传感器。

4. IoT 平台部署

在完成传感器布置后，即可通过部署 IoT 平台，将传感器采集的数据与虚拟系统边界条件输入接口进行连接，将虚拟系统控制台输出信号与电磁阀控制信号输入接口连接。

四、实施效益

在实际运行中，数字孪生具有多种应用。本例通过数字孪生操作演示，实现了泵系统的故障报警、故障诊断、排故方案分析。

在运行中，首先人为引入一种故障，将泵进口处的电磁阀人为关小。此时，IoT 平台下的监控平台通过安装在泵壳体上的加速度计测量数据发现振动超标。通过大数据分析可知，在这种振幅下，轴承将在 2 天后失效，从而实现了故障报警功能。如图 9 所示，为故障报警的监控平台。

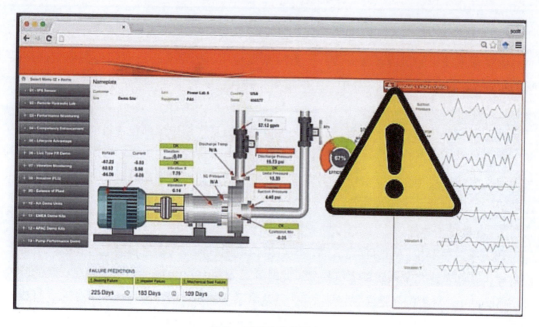

图9 报警的监控平台

故障报警后,急需进行故障诊断,判断发生故障的原因。由于从监控平台上仅能看到各传感器的读数,因此,尚不能确认故障原因。需通过分析虚拟系统运行状况进行判断,首先,对系统仿真模型进行判断,发现在某一时刻系统内各监控参数出现阶跃式变化,如图10所示。

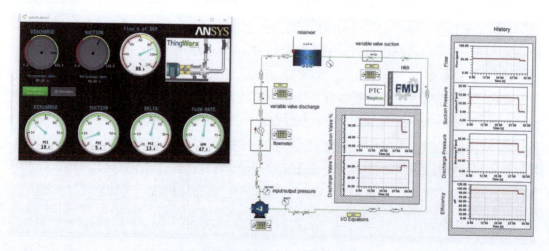

图10 故障诊断中的系统模型参数显示

其次,再详细检查这一工况下的泵的三维流场,如图11所示,发现在泵的进口处出现了由于空化现象产生的水蒸气气泡。这一现象在泵系统中是不应该发生的,会造成流场不稳定,因此,这一汽化现象是造成振动超标的原因。

找到振动超标的原因后,须提出排故方案。根据管路系统常识,空化现象是由于当地压力过低造成的,因此,可通过增加上游阀门开度的方法解决这一问题。为确保排故方案的可靠性,可首先在虚拟系统上进行离线仿真,评估排故效果。图 12 为实施了排故方案后的泵内流场。经排故后,水蒸气气泡消失,因此,这一排故方案可应用于实物系统。

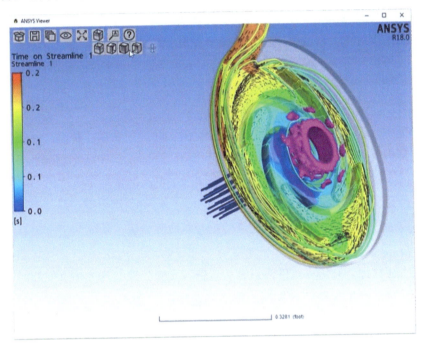

图 11　泵进口处的水蒸气气泡分布

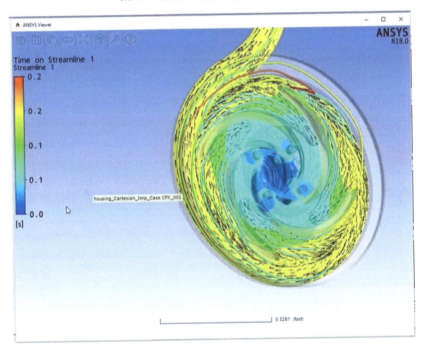

图 12　实施了排故方案后的泵内流场

五、推广基于数字孪生的 CPS 新理念

数字孪生可实现实物与虚拟模型间的实时对应，具有较广阔的应用前景。

数字孪生可实现有限传感器下的无限数据获取。对于大多数产品，传感器数量有限，并且无法直接获得关键参数。通过采用高端仿真技术的数字孪生模型，可实现基于有限传感器数据的全系统仿真。通过获取仿真数据，实现全系统数据检测。

数字孪生可实现恶劣工况下的设备管理。由于数字孪生对实物系统的全数据检测能力，因此，可大大减少运行维护人员的工作量。对于恶劣工况下的设备，可通过数字孪生获取准确的检测数据。

数字孪生可为新一代产品的研发提供较准确的实际工况数据。传统产品研发的设计点往往是通过分析获得某一额定工况。通过数字孪生可全面获得产品在实际工况下的运行环境数据，从而为新一代产品的研发提供更符合实际工况的额定工作点。

数字孪生可实现更可靠、更高效的排故操作。如前述案例介绍，通过采用数字孪生，操作人员可以通过传感器数据和大量仿真数据分析故障原因，从而为更准确和高效的排故提供必要条件。

为实现上述目标，对仿真软件体系的大量部署实施，以及具体仿真问题的深入研究是不可或缺的，这也成为未来 CPS 发展的重要组成部分。

案例 3 兰光创新在离散制造领域的 CPS 应用

摘要

> 兰光 CPS 是基于十多年数字化车间系统研发的基础上，借鉴工业 4.0、智能制造、精益生产等先进理念，通过设备泛在连接与异构集成等先进技术，实现数据在生产设备、信息化系统之间的有序流动，体现状态感知、实时分析、科学决策、精准执行等特点的系统级 CPS。该系统可明显地提升企业生产过程的智能化、精细化、精益化管理水平，有效促进精益生产在企业的进一步落地。

前言

北京兰光创新科技有限公司（简称兰光创新）是致力于为离散制造企业提供智能工厂解决方案的专业技术公司，产品包括 MES、设备物联网、LPS 精益生产、兰光 CPS、APS 高级排产等系统，是离散行业 CPS 智能工厂解决方案的领先者，拥有航空航天、军工电子、机械制造等 600 余家高端用户，很多案例已经成为国家级智能制造示范工程。

一、改变传统粗放型管理，构建智能型数字化车间

（一）市场竞争加剧，成本快速上升，倒逼企业转型升级

随着市场竞争进一步加剧及用工成本持续增加，制造企业面临着很大经营压力。粗放型的生产管理已经不能适应今天的发展需要，企业需要以提质增效为中心，借助新理念、新技术，对原有的生产模式进行变革与升级，全面提升企业的竞争力。

（二）智能制造等新理念推动企业转型升级

智能制造已经成为制造业转型升级的重要抓手与核心动力。促进制造企业智能化转型升级的顺利开展，已经成为制造企业的重要历史使命。

（三）车间已成为企业竞争力短板，亟待改造与提升

车间作为制造企业的重要组成部分，是将各种市场需求、设计图纸转换为产品的场所，是企业核心竞争力所在。但现在，很多车间还是停留在较为原始的管理水平，比如：数字化设备还处于单机运行状态，计划处于凭经验的粗放模式，库存积压或短缺时常发生，交货期、质量得不到保证，成本居高不下。企业不能为市场高效、高质、低成本地提供生产和服务，导致企业竞争力不足。

企业急需在车间层面通过数字化、网络化、智能化改造与升级，形成网络化、集群化、柔性化的生产模式，构建软硬一体、虚实融合的车间级 CPS，从而提升生产效率与产品质

量，降低生产成本，提升企业的竞争力。

二、数据有序流动，虚实一体化智能生产新范式

结合十多年数字化车间建设的经验，兰光创新以中国制造业转型升级为宗旨，以两化深度融合为突破口，以精益生产为指导思想，参考德国工业 4.0 等先进理念，结合企业实际情况，建设"设备自动化、管理信息化、生产精益化、人员高效化"，打造领先的 CPS 的数字化车间。

系统建设主要有三条主线，一条主线是对机床、机器人、测量测试设备等组成的自动化设备与相关生产设施互连互通，实现生产过程的精准执行，这是数字化车间的物理基础。第二条主线是以 MES 为中心的智能化管控系统，实现对生产过程的数字化、网络化、智能化管控，这是典型的赛博系统。第三条主线是在设备互连互通的基础上，并以之作为桥梁，嫁接起赛博空间的 MES 等信息化系统与机床等物理空间的自动化设备，实现了赛博、物理两个世界深度融合。三条主线交汇，实现数据在自动化设备、信息化系统之间进行有序流动，将整个车间打造成了软硬一体的数字化、网络化、智能化的系统级 CPS。

在生产设备、生产设施等自动化的基础上，以降本、提质、增效、快速响应市场为目的，基于对工艺设计、生产组织、精益生产等环节的优化管理，通过数字化、网络化、智能化等先进的信息化技术，对人、机、料、法、环、测等生产资源与生产过程进行精细、精准、精确、灵活、高效地管理与控制，实现设备自动化、管理信息化、生产精益化、人员高效化的智能化生产管理模式。

三、六维智能，打造 CPS 理念的智能工厂

（一）技术方案

1. 整体架构

本系统以 CPS 理念为指导思想，根据数字化车间的特点，拓展为连接、管理、控制、协同、优化、交互等六个维度，并进行精心打造。系统架构图如图 1 所示。

以精益生产为主线，以 CPS 为指导思想，以图形化高级排产与设备互连互通为技术核心，通过数字化、网络化、智能化等技术手段，建成设备的互连互通，以及计划、文档、物料、工具等相关工作协同生产的制造环境，实现了设备等物理实体与信息系统赛博虚体之间的深度融合。对生产计划进行管理、拆分、下达，将车间生产管理、质量检测、库存管理集于一体，达成车间完工及时检验、及时入库、及时反馈，实现生产过程各个环节数据的信息共享，减少传统的纸张传递过程，实现车间现场无纸化生产。对工业大数据生产过程中的计划、物料、设备、质量等进行深入挖掘与分析，以可视化的方式呈现，有效地指导车间科学、高效、高质的生产。

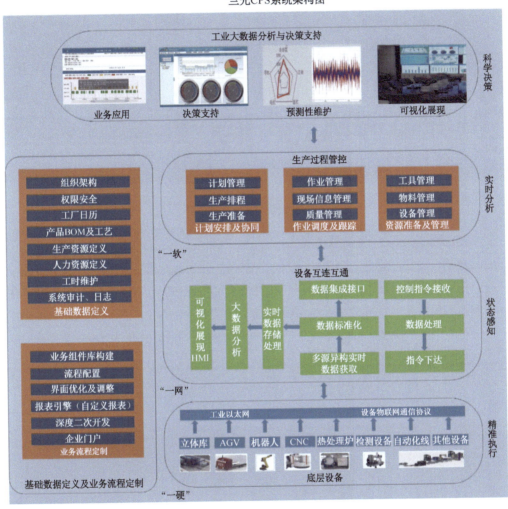

图1 系统架构图

2. 核心技术点

1) 智能互连互通——实体连接赛博。

通过实施设备物联网系统,将车间中的机床、机器人、AGV、热处理炉等数字化设备实现互连互通,包括加工程序的网络化传输、设备状态的远程自动采集、工业大数据智能化分析与可视化展现,生产设备由信息化孤岛变为信息化节点,物理设备融入到赛博空间,构成了一个设备级的CPS,如图2所示。

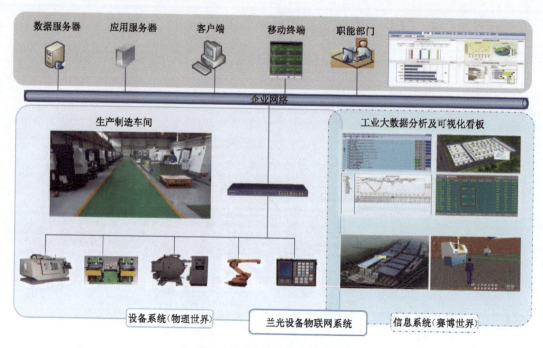

图2 物理实体连接赛博空间

2）智能资源管理——赛博管理实体。

通过对生产资源（物料、刀具、量具、夹具等）进行出入库、查询、盘点、报损、并行准备、切削专家库、统计分析等管理，在赛博空间实现对物理空间的库存进行精益化管理，有效地避免因生产资源的积压与短缺，最大程度地减少因生产资源不足带来的生产延误，也可避免因生产资源的积压造成生产辅助成本居高不下的问题，如图3所示。

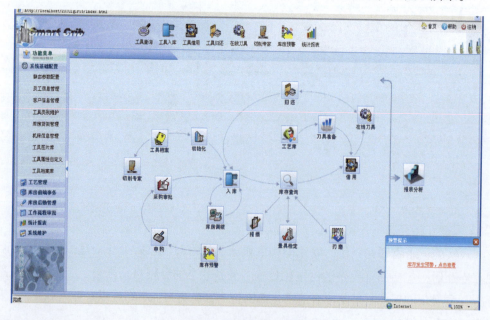

图3 赛博管理实体

3）智能生产协同——赛博协同实体。

通过信息化手段，以设备为中心，工人、库房、技术、检验等相关人员并行准备、协同生产。这样，通过智能化的生产协同管理，将串行工作变为并行工作，从而明显地减少设备等待时间，提升设备的利用率，缩短产品生产周期，如图4所示。

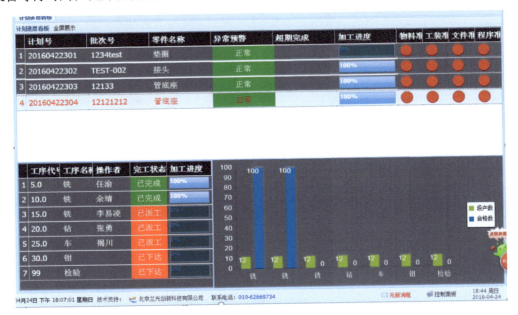

图4　赛博协同实体

4）智能计划排产——赛博优化实体。

通过APS高级排产算法，按照交货期、同一订单优先等多种排产方式，将每一道工序分解到每一设备的每一分钟，最大程度地减少交期延误，提升设备的有效利用率，如图5所示。只有从源头上做到计划的优化，才能保证生产过程的有序、高效。

5）智能质量控制——赛博控制实体。

通过对机床、熔炼、压铸、热处理、涂装等数字化生产设备进行数据采集与智能化管理，对各类工艺过程数据进行实时监测、动态预警、过程记录分析等功能，可实现对加工过程实时、动态、严格的工艺控制，确保产品生产过程完全受控，如图6所示。

6）智能决策支持——赛博交互实体。

通过对生产过程中的设备、生产、质量、库存等多维数据的采集、挖掘、分析、展现，为各类人员提供科学、直观的图形、报表，在赛博空间实现对物理实体的同步展现与人机交互，也可对设备进行预测性维护，提前规避因为设备的突然宕机而影响车间的正常生产，如图7所示。

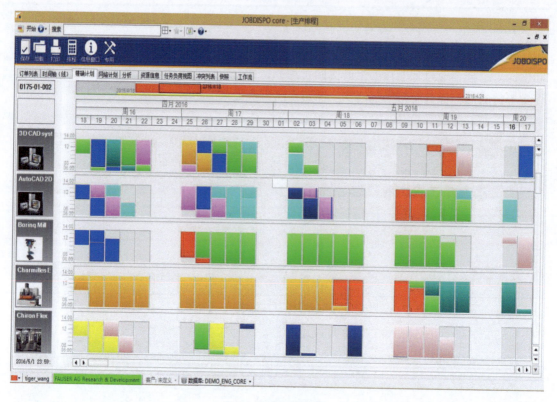

图5 赛博优化实体

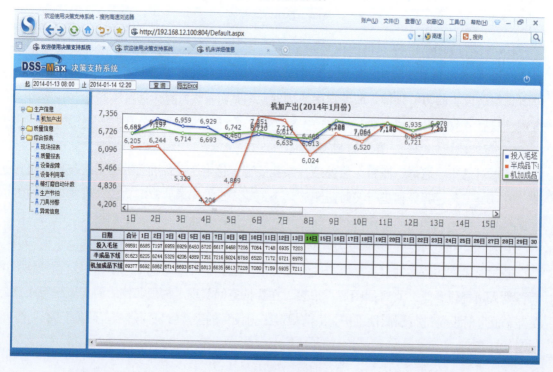

图6 赛博控制实体

图 7 赛博交互实体

3. 功能描述

本系统涵盖了数字化车间的方方面面,从功能模块上讲,主要由以下主要模块组成。

基础数据管理:包括组织结构、人员及权限管理、客户信息管理、设备信息管理、产品 BOM 及工艺路线、系统设置、日志管理等。

设备物联网:包括数字化设备的互连互通、程序网络化传输、程序数据库集中管控、程序编辑仿真、设备数据采集、大数据分析及展现、预测性维护等模块。

计划管理:包括计划管理,项目的创建、分解、浏览、修改、激活、暂停、停止、统计等。

作业管理:包括计划派工管理、调度管理、零件流转卡管理等。

高级排产:通过各种算法,自动制订科学的生产计划,细化到每一工序、每一设备、每一分钟。对逾期计划,系统可提供工序拆分、调整设备、调整优先级等灵活的处理措施。

现场信息管理:任务接收、反馈、工艺资料、三维工艺模型查阅,利用各种数据采集方式,进行计划执行情况的跟踪反馈。支持条码、触摸屏、手持终端、ID 卡扫描登录等各类反馈形式。

协同制造平台:主要是调度管理、实时动态看板、工具、物料、技术文档生产准备、生产信息、现场异常信息的发送及交互功能等。

物料管理:包括车间二级库房的日常事务管理。

工具管理:包括工具库房的出入库等日常事务管理。

设备管理:包括设备维修、设备保养、备品备件管理等功能;通过与设备物联网进行集成，实现设备运行数据集中显示。

质量管理：包括对质量进行实时管理、监控，对系统中的质量记录进行相关分析、统计，支持质量追溯功能等。

决策支持：包括计划、执行、库存、质量、设备等各种统计、分析报表，通过各类直观的统计图表，为车间管理层提供决策依据。

系统集成接口：与其他系统进行集成，实现数据共享。

（二）实施步骤

本着总体规划、分步实施，最终打造数字化车间的原则，本系统实施工作主要分四步。

1. 网络建设，基础先行

构建满足车间 CPS 要求的工业网络环境，为 CPS 的建设提供网络基础。

2. 泛在连接，实现设备的互连互通

以生产设备为主线，将全部数字化设备连入网络。通过不同设备的泛在连接与异构集成，实现设备的互连互通，包括机床程序的网络传输、程序数据库管理、程序编辑与仿真、设备数据采集、工业大数据分析与可视化展现等功能。

3. 数据有序流动，实现生产的协同管理

通过实施以 MES 为核心的信息化系统，围绕图形化的计划编制、派工、数据采集、质量跟踪、库存管理和资源管理等环节，建立一个高效的信息化管理系统，实现人、机、料、法、环、测各个环节数据的信息共享与数据的有序流动，达到生产物理设备与信息系统之间的深度融合，实现精细化、精益化、透明化、协同化、智能化的生产模式。

4. 数据深度挖掘，进行设备预测性维护

通过对采集到的生产设备数据进行深度的机器学习与数据挖掘，实现生产设备的预测性维护，减少因突发的设备故障而影响正常生产。

四、应用效果

（一）设备互连互通，使"哑设备"聪明起来

通过设备的互连互通，将车间的数控机床、热处理设备、机器人等数字化设备实现网络通信、数据远程采集、程序集中管理、大数据分析、可视化展现、智能化决策支持，将设备由以前的单机工作模式，变为数字化、网络化、协同化、智能化的管理模式，实现了设备由"哑"到"智"的质变。

（二）车间各工种协同，实现全面的数字化管理

通过系统中的计划、排产、派工、物料、质量、决策等模块，以信息化为手段，实现了各种信息的共享与协同，做到了车间层面精准的计划、精益的库存、精细的管理。通过充分利用网络技术、信息技术，可明显降低生产经营成本，提高质量，提高客户满意度。

（三）虚实融合，开启智能制造新模式

改变了传统粗放的制造管理模式，做到了"虚拟世界与物理世界深度融合，虚实精准映射，相互促进"。通过设备物联网，将各种数字化设备与信息化系统进行深度集成，实现决策与生产管理的智能化，做到了设备能听话（与外界能通信）、能说话（数据远程自动采集、可视化展现、短信通知等）、能思考（大数据分析、智能化决策）、能执行（能敏捷、快速、准确地通过设备自身或者人工等方法进行及时、正确地执行或干预），实现信息、物理世界深度融合，相互促进发展。

车间各岗位及各设备都融入了整个信息化系统，牵一发而动全身，车间做到了"眼观六路，耳听八方"，领导者基于实时化、数字化、网络化、智能化的信息系统，做到了"看得见、说得清、做得对"，实现了生产过程的智能化管控，实现了生产过程的"Smart Manufacturing"，即灵活、高效、高质、低成本、绿色、协同的智能化生产与服务模式。

（四）机器学习，设备预测性维护助力无忧生产

对设备主轴、丝杠等关键部位进行实时的数据采集，通过设备历史数据及群组设备数据的采集、存储、清洗、抽取、分析与预测，掌握设备健康与故障不同时期的特征，可在设备重大故障发生前提前预警，便于企业维护，避免因为宕机造成更大的损失，实现一种无忧的生产模式。

（五）经济效益明显

使用本系统后，企业日常的管理工作将会得到显著改观，可提升生产效率30%以上。

五、推广意义

本系统适用于航空航天、军工电子、汽车制造、机床装备、工程机械、五金模具等离散制造行业，可以很好地解决这些企业中数字化设备的互连互通、生产过程的精细化、数字化、网络化、智能化的管控，对缩短交货期、提升产品质量、降低生产成本、快速响应市场，全面提升企业竞争力，实现企业智能化转型升级都有很好的促进效果。

该系统已经在军工、汽车等众多单位得到成功应用，荣获"2016年度工业大数据十大创新引领""2017年度中国工业软件优秀产品奖"等荣誉，具有很强的行业推广与示范价值。

案例4 石化盈科在石化行业的 CPS 应用

摘要

> 本方案重点围绕中国石油化工集团公司（简称中国石化）智能工厂建设，认为石化信息物理系统是智能工厂的基础设施，目的是构建一个以泛在感知和泛在智能服务为特征的新一代石化生产环境。通过将无处不在的传感器、智能硬件、控制系统、计算设施、信息终端通过 CPS 连接成一个智能网络，企业、人、设备、服务之间能够互连互通，并最大限度地开发、整合和利用各类信息资源、知识、智慧。
>
> 石化 CPS 着力打造流程工业智能工厂、智能物流、智能服务与智慧园区、智慧城市融合的生态体系，促进了物联网、大数据、人工智能等信息技术与传统产业的工艺技术、装备技术、工程技术、运营管理等深度融合，形成了数字化、网络化、智能化的新模式，推动流程工业产业变革，促使传统产业提质增效。

前言

石化盈科信息技术有限责任公司成立于 2002 年 7 月，是高新技术企业、国家规划布局内重点软件企业，拥有 5 项顶级资质及 ISO、CMMI 等 12 个专业认证。石化盈科从 2013 年起开展对信息物理系统的研究和探索，总结多年来在石化行业的生产经验，结合《信息物理系统白皮书（2017）》对石化行业产业特征进行深入分析，对石化信息物理系统 (Petrochemical Cyber-Physical System，PCPS) 的建设进行了探索。于 2015 年打造了石化智能工厂 1.0，并形成智能制造平台 ProMACE 1.0。2016 年启动智能工厂升级版（2.0）的建设工作，面向数字化、网络化、智能化现代石化工厂的目标，以满足石化智能制造的建设需要，提出"平台+数据+服务"的建设模式，构建石化行业 CPS，以满足石化智能制造的建设需要，也为整个行业的智能制造提供支持与服务。

一、加快传统制造业转型升级，提高石化行业智能化水平

经过数十年发展，中国石化工业已建成完整的工业体系，在国民经济中的地位日益增强。当前中国已成为世界第一大化学品生产国、世界第二大炼油大国，截至 2016 年年底，炼油总能力达到 7.5 亿吨/年，占世界总能力的 16.7%，全年乙烯产量达 1 800 万吨。

中国炼油工业在规模、技术和产品质量方面均已达到国际先进水平，拥有催化裂化、延迟焦化、催化重整、加氢裂化、加氢精制、渣油加氢等 6 大炼油核心技术，具备自主知识产权的千万吨级炼油和百万吨级乙烯炼化一体化、清洁油品生产、重油轻质化、芳烃生产、炼油环境保护等 5 大成套技术。此外，中国还拥有强大的炼化工程设计、施工、监理和项目管理（EPC）能力。

但是国际竞争力与世界石化强国还存在差距，突出表现在：产业布局较为分散，先进产能不足，高端产品自给率不足，能耗物耗较高，安全环保压力较大，生产成本较高。

与离散制造业不同，以石化为代表的流程工业存在显著特点：原料进入生产线的不同装备、产品不能单件计量，运行过程耦合性强，难以建立数学模型，难以数字化。同时，中国流程工业原料来源受制于国内外市场供给，原料复杂，生产工况波动大。因此，以"工业4.0"为代表的离散工业智能制造模式不适用于中国流程工业。

（一）石化 CPS 整体技术方案

流程行业 CPS 是实现流程工业高效化和绿色化的必由之路，是支撑流程型智慧企业研发设计、生产制造、供应链管理、营销服务各业务环节的核心载体。因此，石化行业 CPS 的技术方案是根据白皮书中的内容，并结合石化行业特点凝练而成，可以归纳为：以人为中心，以数据和模型为驱动，具有信息物理实时监控与自动化控制、信息集成共享和协同、综合仿真和全局优化三项功能，全面态势感知、虚实共变、实时并行计算、知识自动化四个技术特征，以及感知层、信息网络层、计算处理层、策略控制层、应用层五个应用层次。石化 CPS 整体技术方案参见图 1。

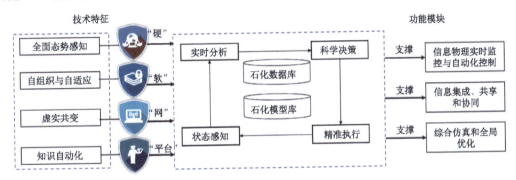

图 1　石化 CPS 整体技术方案

CPS 的四个技术特征分别对应于白皮书中的四大核心技术要素，在石化数据库和石化模型库的基础上通过状态感知、实时分析、科学决策和精准执行形成闭环支撑 CPS 三大核心功能模块。

基于白皮书中所述的 CPS "一硬"（感知和自动控制）、"一软"（工业软件）、"一网"（工业网络）、"一平台"（工业云和智能服务平台）的四大核心技术要素，并结合石化行业特点，总结出 CPS 具有全面态势感知、自组织和自适应、虚实共变、知识自动化四个技术特征。

1. 全面态势感知

对应于白皮书中的"一硬"，即通过智能感知和智能传感器网络，将生产状态、工业视频等各类信息高度集中和融合，为操作和决策人员提供一个直观的工厂真实场景，确保迅速、准确地掌握所有信息，并且能快速决策。

2. 自组织与自适应

对应于白皮书中的"一软"(工业软件),即将石化工厂的行为和特征的知识固化成各类工艺、业务模型和规则,根据实际需求嵌入到装备和产品中,调度适用的模型来适应各种生产管理活动,实现现有石化生产过程的工艺过程和管理业务流程高度集成,进而实现全局整体优化。

3. 虚实共变

对应于"一网"(工业无线网络),即实际工厂的当前状态,通过传感器和工业网络不断地实时同步到虚拟工厂,同时虚拟工厂不断演算未来的运行状态来管理和控制实际工厂的运行。PCPS 的工业控制网络基于分布式架构,由智能设备互连集成、灵活组网而成,具备高度开放互连和灵活性。借助于工业网络,快速传输相关信息,实现系统的灵活拓展与泛在感知,实现物理制造空间与信息空间的无缝对接,极大地拓展了人们对工厂的监测能力,为精细化和智能化管控提供保障。

4. 知识自动化

对应于白皮书中的"一平台"(石化智云),即突破传统人机接口交互的非自动化工作机制,将人的智能型工作向控制系统的自动化延伸,实现石化生产、经营等环节基于知识自动处理的建模、控制、优化及调度决策的自动化作业,促进信息融合及计算进程与物理进程的交互。

(二)石化行业 CPS 运行机理

CPS 的本质就是构建一套虚拟空间与物理空间之间基于数据自动流动的状态感知、实时分析、科学决策、精准执行的"闭环赋能体系"。石化 CPS 通过对物理过程进行感知和控制,实现石化物理工厂与虚拟工厂的无缝结合,其运行机理如图 2 所示。

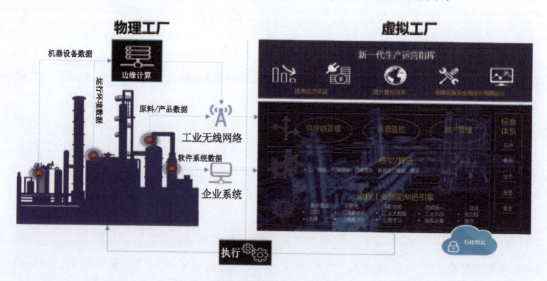

图 2　石化 CPS 运行机理

信息工厂中沉淀了石化CPS对行业的认知,主要有三个维度:一是对工厂资产的描述,通过工厂模型、三维模型等进行刻画;二是对整个物理化学过程的描述,通过机理模型进行刻画;三是各类数据汇聚形成大数据模型,随着数据更新获得自学能力,进而通过数据库、规则库、模型库、知识库的有效整合及协同应用,形成"工业大脑"。利用石化CPS中的模型和数据,结合优化、控制,实现了计算进程与物理进程的交互,打造了流程工业的CPS。

(三)石化CPS功能描述

石化CPS通过对物理过程进行感知和控制,实现石化信息空间与石化物理空间的无缝结合,其功能为以下三个方面。

1. 信息物理实时监控与自动化控制

石化CPS通过微机电技术、嵌入式技术和传感器等技术,升级为新型的石化智能制造单元,借助传感器网络和通信网络,全面感知详细的物理系统和信息系统信息,通过处于分布式控制下的闭环运行系统实时分析并进行科学决策,确保所有参数可控。

2. 信息集成、共享和协同

石化行业生产流程中产生海量数据的采集、存储、分析,对石化行业现有的信息化水平是巨大的挑战。实现海量数据流的传输、集成和存储是石化CPS重要功能之一,包括:感知集成分布于石化各业务子系统中的关键信息、全厂工程和设备等图档、视频、移动终端及过程数据等,并保证不同地域、不同系统、不同业务环节中的信息物理设备能及时获得需要的信息,以及远程实时协同分析,并通过决策算法、机器学习发现数据信息的价值,真正实现石化CPS的智能决策和执行。

3. 综合仿真和全局优化

石化生产系统过程复杂、参数多、耦合性强、灵活性差,系统运行效率得不到保证,很难实现系统范围内的最优控制。和传统的实时监控相比,石化CPS不仅监控物理世界,还是将物理系统和信息系统作为一个整体进行综合分析和仿真,通过对基于物理设备中嵌入的计算部件感知采集信息进行实时分析,实现对综合生产指标→全流程的运行指标→过程运行控制指标→控制系统设定值过程的自适应的分解与调整,实现系统的全局优化。

二、依托智能工厂,打造传统行业与信息技术深度融合的新模式、新业态

石化CPS的智能工厂应用架构分为三层:SoS级CPS、系统级CPS和单元级CPS。SoS级CPS主要进行决策和将采购优化结果下传到企业,企业据此进行计划和调度优化,计划和调度优化结果再分解到企业各个装置(常减压、催化裂化、连续重整和加氢裂化等),最终利用单元级CPS中的实时优化系统实现优化目标。本文所述的CPS应用实践和挑战均是基于4家企业的实际应用情况开展的。智能工厂CPS应用架构如图3所示。

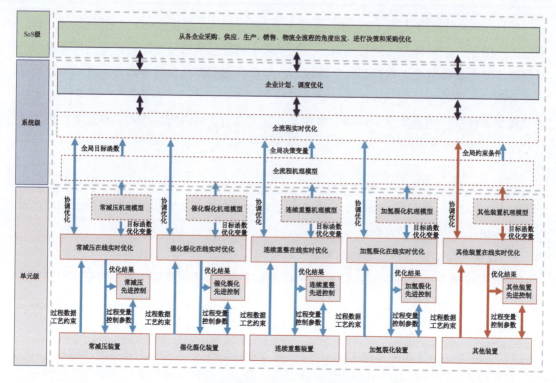

图3 智能工厂CPS应用架构

智能工厂CPS应用,实现了SoS级CPS、系统级CPS和单元级CPS的整体贯通。以某试点企业为例,当市场价格出现波动时,SoS级CPS根据市场价格变化优化采购和销售计划。系统级CPS制定全厂计划和调度方案,并将方案分解到各个装置。单元级CPS根据调度方案进行实时优化,计算出单装置(常减压、催化裂化、连续重整和加氢裂化等)最优操作参数,反馈给SoS级CPS,使装置在最优操作参数的状态下运行。

某试点企业乙烯装置通过CPS,实现了实时优化和先进控制的集成应用,基于全流程机理模型,实现SoS级CPS、系统级CPS和单元级CPS的整体贯通。以经济效益最大化为目标,通过数据整定、模型回归等技术保证了基础数据的准确性,通过序列控制、稳态检测等技术提高计算结果的可执行度,保证原料、产品价值的及时更新。实时优化系统在不增加重大设备投资的情况下,充分发挥现有生产装置的运行潜力,有效地实现了增产、节能和降耗的目标,为某试点企业创造了新增效益。系统投用后运行稳定可靠,乙烯效益增加26.34元,年效益增加3 091万元。

三、建设石化CPS,引领流程工业智能制造发展方向

石化CPS的建设可以分为3个阶段:理论研究和单元级CPS、系统级CPS试点建设阶段,系统级CPS建设提升及SoS级试点建设阶段,完善提升阶段。

理论研究和单元级CPS、系统级CPS试点建设阶段(2013-2015年)主要进行石化CPS的理论研究,此期间给出了石化CPS定义及理论框架,并在中国石化下属4家试点企业进

行了单元级 CPS 和系统级 CPS 的建设。此阶段定义了 CPS 的理论体系，确定 CPS 是石化智能工厂的基础设施，通过将传感器、智能硬件、控制系统、计算设施、信息终端连接成一个智能网络，实现企业上下游的互连互通，实现资源的优化配置。试点企业建成多个单元级 CPS，包括实时优化（RTO）、先进控制（APC）、装置异常处置等单元级 CPS 模块，以及基于生产管控、供应链管理、能源管理、设备管理、安全管理和环保管理六大智能工厂业务域的系统级 CPS 建设。

系统级 CPS 建设提升及 SoS 级试点建设阶段（2016-2018 年），此阶段将试点企业单元级 CPS 和系统级 CPS 的建设成果推广到中国石化下属的其他企业，并重点针对供应链优化、大机组监测和工业大数据分析领域进行 SoS 级 CPS 的试点建设。

完善提升阶段（2019-2020 年），此阶段主要进行 SoS 级 CPS 的完善和提升，将 SoS 级 PCPS 的应用成效推广到中国石化其他下属企业，同时将 PCPS 的建设成果总结梳理成可以向其他行业推广的经验成果，为其他行业 CPS 建设提供参考。

四、推广意义

中国炼油能力、乙烯、尿素、PX、合成树脂、合成纤维、合成橡胶等多种化工产品产能均居世界前列，但是"大而不强"；急需产业升级才能真正迈入石油强国行列。石化 CPS 将新一代信息技术与现有石化生产过程的工艺和设备运行技术及人进行深度融合，已在中国石化智能工厂 4 家试点企业的能源领域、设备管理领域、安全环保等领域进行了应用实践。随着石化行业的发展及石化 CPS 应用研究的深入，石化 CPS 将在多家试点企业进行推广应用，同时将石化 CPS 的理论与应用研究成果和经验外延到其他工业行业，使 CPS 得到更好的发展。

案例 5　华龙迅达在烟草行业数字工厂建设的 CPS 应用

> **摘要**
>
> 深圳华龙讯达信息技术股份有限公司（简称华龙迅达）基于 CPS 技术体系的数字工厂整体解决方案，充分结合了烟草流程型制造的行业特点，充分利用数字孪生技术及边缘计算技术将信息物理系统（CPS）引入烟叶、制丝、卷接、包装、成品入库的全过程管理，构建一个以"数据驱动、软件定义、泛在连接、虚实映射、异构集成、系统自治"为特征的全过程管控系统，通过软件集成、硬件并联、网络协同，提升物理实体与环境、物理实体之间（包括设备、人等）的感知、分析、决策和执行能力，实现卷烟生产厂从单项业务独立应用向多项业务综合并联与集成转变，从局部优化向全业务流程再造转变，从传统生产方式向柔性智能的生产方式转变，从实体制造向虚实融合的制造范式转变。

前言

华龙迅达成立于 2003 年，是一家具备智能控制、智能管理和智能服务应用软件产品创新能力的高新技术企业。公司以 CPS 技术架构为主线，以数字孪生技术、边缘计算技术、物联网技术为核心，专注于生产设备智能控制、生产过程智能管理、远程运维智能服务的标准化、规范化应用探索和实践，研发和实施的智能设备控制系统、数据采集管理系统、数字透明智能工厂管理系统、远程运维管理平台、生产制造执行系统（MES）、设备生命周期管理系统（PLM）、智能人机交互系统（HMI）、企业移动应用管理平台、Ceres 机器宝边缘计算智能终端等系列产品构成了数字工厂整体解决方案，广泛应用于烟草、汽车、交通、核电、风电、制药和机械制造等行业。

一、适应消费升级新形势，烟草制造寻求高品质、柔性化生产新模式

当前，中国烟草制造行业处在从传统计划经济时代向市场经济时代迈进的新时期。一方面，在国家倡导健康绿色消费的新形势下，中国传统烟草制造行业面临新型烟草制品的冲击，烟草制造装备及烟草制品生产都面临新的转型挑战。另一方面，烟草生产企业如何发挥装备及生产管理的效能也面临考验：一是烟草制造行业对卷烟生产的高速度与高品质有极其严苛的要求；二是烟草制造从烟叶、制丝、卷接、包装，最终到产品的整个生产过程中要求各个环节保持稳定可控与连续；三是异型烟、多品牌、个性化、小批量生产需求日益增长，如何适应消费者习惯、尊重消费者个性化诉求也对烟草生产行业提出了挑战。

二、CPS 虚实融合技术助推烟草生产从"制造"到"智造"的跨越式转型

为了更好地响应客户需求，帮助烟草制造企业在市场结构调整中把握发展主动权，华

龙讯达充分利用数字孪生技术及边缘计算技术驱动数字工厂建设,应用工业 VR 技术将"现实"和"虚拟"结合,为红云红河集团曲靖卷烟厂量身定制"以虚控实、精确映射"的基于 CPS 生产管理与设备管控系统,通过以虚拟工厂控制实体工厂,帮助企业及时发现和帮助排除故障、减少物料消耗、提升设备有效作业率,优化排产和人员排班,实现生产信息的全程可追溯,促进生产资源的优化配置,降低生产成本。

三、构建系统级 CPS 数字化工厂,引领中国烟草制造新范式

(一)技术方案

1. 整体架构

全过程管控系统级 CPS 数字工厂解决方案着重考虑"一硬(感知和自动控制)"、"一软(工业软件)"、"一网(工业网络)"三个层次要素,组成了物理空间和信息空间人、物、环境、信息等要素相互映射的状态感知、实时分析、科学决策、精准执行的闭环系统,实现烟草行业从烟叶、制丝、卷接、包装、成品入库全过程各层次的信息互通和数据共享,全过程一体化管控。

为推进 CPS 的落地应用,选择在中国烟草生产具有代表性的云南省曲靖卷烟厂构建全过程管控系统级 CPS 数字工厂具有典型示范意义。基于全过程管控 CPS 技术的数字工厂解决方案技术架构如图 1 所示。

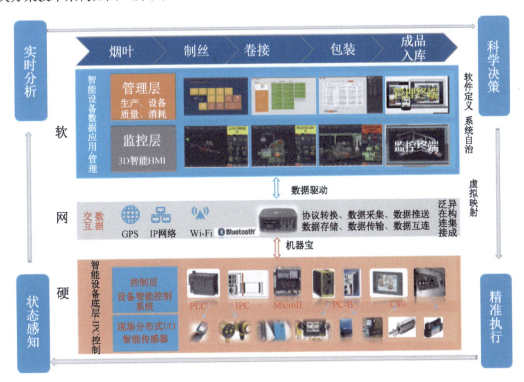

图 1 基于全过程管控 CPS 技术的数字工厂解决方案技术架构

2. 核心技术点

基于全过程管控系统级 CPS 的烟草生产数字工厂解决方案核心技术点如下。

1)"一硬"平台：以通用性的工业控制计算机（IPC）技术平台提升烟草生产装备"状态感知"能力。

运用新一代基于 IPC 的自动化技术改变传统自动化控制技术的封闭性，将工业电脑、现场总线模块、驱动产品和 TwinCAT 控制软件集成一套完整的、相互兼容的控制平台，以通用技术的个性化应用为烟草设备工控领域提供功能强大、特点鲜明的自动化控制系统，综合运用物料追溯、质量检测的多样化手段促进超高速状态下的精准生产，为单元级 CPS 智能装备提供过程控制的完整解决方案，实现单元级 CPS 智能装备之间的数据读取及传递的互连互通，构建一个覆盖设备智能控制、智能诊断、智能交互、智能管理、智能互连为一体的智能设备管控平台，在设备底层形成数据流动的全感知、可交互、可计算、可控制，提升智能设备的"状态感知"能力。

2)"一网"管道：运用先进网络技术和基于源程序的数据采集处理技术，实现烟草生产全过程感知数据的"异构集成"和"实时采集分析"。

华龙讯达以 3G/4G/LTE 专网方式构建私有云，实现数据传输、存储和处理的快速畅通网络。运用 Ceres 机器宝从自动化控制源程序采集设备生产实时数据、设备运行状态数据、质量在线数据等，实现异构数据、异构网络、异构软件在信息空间与物理空间不同环节的集成。运用边缘计算技术将设备侧采集的实时数据进行清洗，计算处理后的关键数据应用到工业运行过程，以实时动态的方式反映生产线运行中的生产状态、原材料消耗状态、设备运行状态、生产产能状态、设置正常运行参数等，以可视化报警的方式提示操作过程中的异常现象，为数字工厂建设提供数据驱动的基础，实现感知数据的实时分析和使用。

3)"一软"平台：集成资源分配、生产排产、设备管理、仓储物流等多种工业软件，将"隐形的数据"展现为"显性的操作指南"，推动烟草生产全流程"科学决策"和"系统自治"。

实现设备智能化控制与 ERP、MES、PLM 等生产应用系统的上下贯通、左右协同，打通"人、机、料、法、环、测"信息流，推动企业各环节信息的互连互通和数据共享，打破"信息孤岛"。这一集成创新全面提升原有系统的生产过程管控能力，为卷烟生产企业"科学决策"提供技术支撑。全过程管控系统级 CPS 通过多平台的互连和协作，实现生产运营能力调配，经营高效管理协调，使系统能够不断自我演进和"系统自治"。

4) CPS 呈现：运用虚实融合控制技术，实现信息空间与物理空间的"精确映射"与"精准执行"。

针对烟草行业生产过程，包括制丝、成型、卷包等主要生产环节，运用虚实融合控制技术，以实时采集的数据为基础，以 3D 数字化呈现的方式将卷烟生产过程中的人、机、料、法、环、测的各项数据融入虚拟空间,实现企业的生产过程、设备运行情况、质量跟踪状态实时虚拟化,并通过建模、仿真及分析再将结果反馈回物理空间,实现实体资源配置优化、生产过程管控优化、产品物料全过程追溯优化,提高烟草制造企业整线设备的使用能力,提升生产管控水平。

3. 功能描述

华龙讯达为曲靖卷烟厂提供基于CPS技术体系的数字工厂解决方案与服务。

1)基于CPS的生产过程管理系统——生产制造执行系统。

基于CPS的生产过程管理系统界面如图2所示。

图2 基于CPS的生产过程管理系统界面

2)生产设备数字化——DAS数据采集系统。

数据采集类型如图3所示。

图3 数据采集类型

3）基于 CPS 的设备健康管理——设备生命周期管理系统。

基于 CPS 的设备生命周期管理系统如图 4 所示。

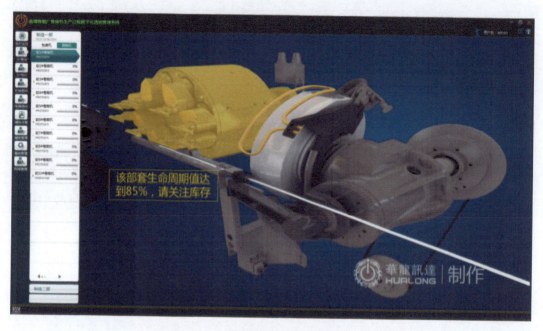

图 4　基于 CPS 的设备生命周期管理系统

4）基于 CPS 的过程仿真——3D 虚拟仿真管理系统。

基于 CPS 的 3D 虚拟仿真管理系统如图 5 所示。

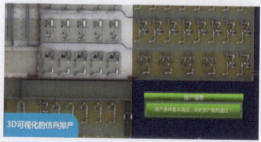

图 5　基于 CPS 的 3D 虚拟仿真管理系统

5）单元级的 CPS——HMI 智能设备交互系统。

基于 CPS 的 HMI 设备智能交互系统如图 6 所示。

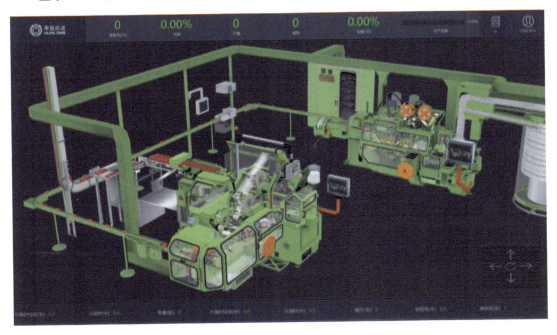

图 6　基于 CPS 的 HMI 设备智能交互系统

6）基于 App 的高效管理——企业移动应用管理系统。

基于 CPS 的移动管理系统应用平台如图 7 所示。

图 7　基于 CPS 的移动管理系统应用平台

7）基于CPS技术的预见性维护策略——远程运维服务平台。

从生产流程的技术角度看，本方案能够全面应用到研发设计、生产制造、管理服务等各个方面，通过对人、机、料、法、环、测全面的感知和控制，实现全过程管控各类资源的优化配置。

基于CPS的远程运维服务平台如图8所示。

图 8　基于CPS的远程运维服务平台

（二）标准化需求

1．工业异构异质数据采集标准化

烟草制造CPS网络主要涉及工业异构异质网络的互连互通，由于不同网络在传输速率、通信协议、数据格式等方面的差异，其融合具有高度的复杂性。建立《烟草行业CPS异构数据采集规范》，规范烟草行业CPS异构网络数据采集方法，包括数据采集流程、与其他异构系统接口等，解决机器的互连互通，极大地改善不同国家、不同品牌、不同型号机器信息化孤岛的局面。

工业异构异质数据采集标准化如图9所示。

2．工业虚实融合模型建设标准化

虚实融合是连接物理世界和虚拟世界的桥梁，通过采集和加工数据，利用大量的算法分析，形成信息模型，驱动生产执行与精准决策，形成《烟草行业 CPS 虚实融合模型驱动规范》，规范烟草行业虚实融合模型与动画演绎方法、步骤及技术要点，为工业制造领域实现虚实融合、精确映射提供技术指导。

图 9　工业异构异质数据采集标准化

（三）实施步骤

该案例的实施主要分为以下三个阶段。

第一阶段：对计划构建的系统级 CPS 数字化工厂进行需求调研和论证分析，充分了解烟草生产决策层、管理层、执行层各级员工的工作内容及流程，明确从设备底层提取数据，自下而上实现生产各环节数字化驱动的目标，制定了以"人、机、料、法、环、测"多维度协同管控为核心诉求的技术解决方案，形成"一硬一网一软"的系统架构。

第二阶段：分步实施数字工厂建设方案，突出 CPS 技术体系核心优势，完成系统级 CPS 建设。

分步实施"一硬一网一软"涵盖的硬件改造及软件研发系统工程：①使用通用技术，为外国机器加装"中国脑"，夯实硬件基础；②组建专用网络，为 CPS 技术体系畅通运行提供网络环境；③建设集成资源管理、生产控制、供应链管理等多套管理软件，用虚实融合系统实现精准映射和精确执行，完善系统级 CPS 建设。

第三阶段：构建了以数字孪生为支撑的系统级 CPS，后续将深化 SoS 系统级 CPS 平台建设，形成 CPS 技术体系纵向到底、横向到边、端到端的应用示范。

四、CPS 成为带动烟草制造企业数字化转型的重要抓手

基于 CPS 数字工厂整体解决方案的系列产品率先部署在红云红河集团曲靖卷烟厂，为客户创造了经济价值的同时，也为行业带来了意义深远的社会影响。主要实施效益如下。

（一）提升烟草生产精益管控能力

以管理创新为驱动，强化系统互连互通、数据实时共享、运行可视可控，充分采集生产运营全过程中分散且不直观的实时数据，进行 3D 可视化集中展示、分析、挖掘应用，实现烟草制造从烟叶、制丝、卷接、包装，最终到产品输出的全过程管理，提升烟草生产精益管控能力，把精益管理作为优化资源配置、提升企业效益的有效手段和节约管理费用、实现管理增效的有效方式。

（二）实现烟草生产提质、降本、增效

在逐步使用并完善本方案后，据统计，曲靖烟厂卷包生产效率提高了 3.12%，制丝线平均故障停机率降低了 0.2%，成型线设备有效作业率提高了 1.8%，生产周期缩短了 7.9%。在线机台的远程专家指导、知识库指导方式，使基层一线员工的培训周期由 180 天缩短到 45 天；预防性维护的可视化报警提升了设备故障排除的响应速度；准确而全面的操作工艺动画极大地方便了生产过程管控的精确指导能力。综合数据比较，曲靖卷烟厂 2016 年通过集成应用各项信息化系统，实现设备生产能力提升、维护保养费用下降、员工技能水平提高、生产工艺过程优化、原材料消耗减少，综合节约成本累计约 6 000 万元。

（三）促进 CPS 在全行业的推广应用

曲靖卷烟厂采用本方案实现了制造要素和资源的相互识别、实时交互、信息集成等全流程的服务，其直观、新颖、科学、有效的生产组织方式和高效的资源配置效率吸引了国内外众多企业客户、行业专家参观交流。经过专家调研和论证，曲靖卷烟厂已迈入国内生产企业智能制造技术应用最前沿，成为全国"两化融合"智能工厂的示范与标杆，被工信部认定为烟草行业"两化融合领域智能制造生产新模式示范性企业"，2018 年将在全国烟草行业三个省份、五大集团全面推广，为中国智能制造行业发挥良好的引领示范作用。

五、具备多行业广泛应用基础

（一）具备高度集成、可视化运维、协同制造能力

高度集成工业信息化技术，运用可视化技术实时掌控生产计划、设备运行、物料消耗、质量检测等情况，跟踪生产管理过程，实现生产要素的协同和生产执行的协同，促进生产快速决策、精准执行的能力，帮助企业达到"提质、降本、增效"的目的，能有效提升企业的核心竞争力，为企业适应市场变革提供长远动力。

（二）可应用于多种流程型或混合型先进制造行业

在高速及超高速生产状态下，重塑生产要素整合能力，围绕工业企业生产装备的智能化升级和生产管理的智慧化提升，打造可复制的数字化工厂解决方案，具备向食品饮料、医药生产等流程型行业或公交运输、新能源装备等混合型行业推广的基础，有利于推动我国"互联网+先进制造业"的快速落地和广泛覆盖。

案例6 中船系统院在智能船舶领域的 CPS 应用

摘要

> 基于 CPS 核心技术要素构建的智能船舶运行与维护系统（SOMS）是在传统制造业面临困境与挑战的背景下提出的面向船舶产业的 SoS 级智能化解决方案。该系统以"两端+一网+两云"为总体架构，包括智能控制端、智能管理端、工业传输网络和混合云平台四部分，涵盖了 CPS 状态感知、实时分析、科学决策和精准执行四个过程。SOMS 系统以工业大数据分析为基础，以自主认知为核心，以协同优化为目标，在船舶个体、船队与产业链层面为船舶行业及相关制造业提出了智能化解决方案。目前，SOMS 系统已进行了实船应用，在船舶智能化、岸基管理智能化和岸海一体化等方面成效显著。

前言

中国船舶工业系统工程研究院（简称中船系统院）成立于1970年，是中国最早将系统工程理论和方法应用于海军装备技术发展的军工科研单位。研究院凭借自身系统工程理论与实践优势，在船舶领域率先开展 CPS 研究，面向船舶"无忧管理"，以工业智能为核心突破点，提出了基于 CPS 的船舶产业智能运维 SoS 解决方案，并圆满完成了实船验证。

一、突破船舶工业困局，提高船舶运营效益

船舶工业是为航运业、海洋开发及国防建设提供技术装备的综合性产业，但航运业市场持续低迷，长期处于买方市场。以船舶工业为代表的实体经济面临着两个问题：一方面，实体经济的价值创造过于依赖规模化带来的横向价值增加，而缺乏对个体价值的纵向挖掘；另一方面，随着客户对产品的定制化需求越来越多，如何以规模化的方式实现定制化需求也是一个重要问题。在此背景下，如何提高船舶运营效益，已成为船舶运营企业生存发展的巨大挑战。因此，一方面，需要创造新的行业合作形态，通过产业链，促使上下游企业参与船舶价值创造，共同创造新的用户价值；另一方面，需要借助智能化的运维手段，为用户提供定制化服务，解决以规模化的方式实现定制化需求的问题，降低运行与维护成本。

二、以数据为驱动，共创无忧船舶和无忧运营

为了探索适应中国船舶制造业和远洋航运业的转型发展方案，从根本上解决船厂、船东和船员之间的矛盾，共创"无忧船舶"和"无忧运营"。系统基于 SoS 级 CPS 的体系架构，结合中国海洋装备技术和应用特点，在国内首次研制以装备全寿命周期视情使用、视情管理和视情维护为核心，面向船舶与航运智能化的智能船舶运行与维护系统（Smart-vessel Operation and Maintenance System，简称 SOMS®）。为用户提供定制化服务，

利用智能化运维手段，降低运行与维护成本。进一步面向船队、船东和船舶产业链，分别设计了船舶（个体）、船队（群体）和产业链（社区）的 CPS 应用解决方案，为整个船舶产业链提供面向环境、状态、集群、任务的智能能力支撑。

智能船舶运行与维护系统（SOMS®）是在传统船舶与制造业面临困境与挑战的背景下提出的智能化解决方案。SOMS 以工业大数据挖掘分析和 CPS 技术为核心，以数据驱动为基础，利用硬件、软件、网络和云平台等资源构建状态感知、实时分析、科学决策、精准执行的 CPS 闭环体系，为用户提供以"视情使用、视情管理、视情维护"为核心的定制化智能辅助决策服务，实现了从数据到信息、到知识、再到价值的转化。

三、建设 SOMS 系统，引领船舶工业新发展

（一）技术方案

1. 整体架构

SOMS 系统的架构可以概括为"两端+一网+两云"，即智能控制端、智能管理端、工业传输网络和混合云平台四部分，涵盖了 CPS 状态感知、实时分析、科学决策、精准执行四个过程。

智能控制端借助感知与自动控制技术实现个体、群体、环境、活动等多目标数据的感知与获取，以及对设备、系统、单船与船队的自动控制。云平台借助工业云技术，采用"本地云+远程云"的混合云架构，既保证了本地计算的实时性、隐私性与安全性，也保证了远程计算的共享性、协同性与高效性。智能管理端面向设备、系统、单船和船队故障预测、健康管理、能效优化和运营管理等需求，搭建了智能服务平台。智能控制端、智能管理端和混合云平台通过工业网络和工业软件技术形成数据驱动的 CPS 闭环赋能体系。SOMS 系统整体架构图如图 1 所示。

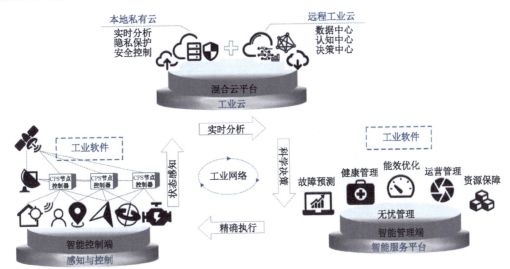

图 1　SOMS 系统整体架构图

2. 核心技术点

1）感知与自动控制技术。

感知与自动控制技术是 CPS 核心技术要素中的硬件要素。面向船基的智能控制端系统能够综合感知、自主认知，实现面向应用的自主决策支撑。

集成了包括主机、电站、液仓遥测、压载水等全船已有航行、自动化监测、控制与报警信息，通过虚实映射，在船舶数据驱动下对设备进行视情况而定的自动控制，可利用统一数据标准、有效存储管理、提供开放接口来进一步实现信息共享。SOMS 智能控制端如图 2 所示。

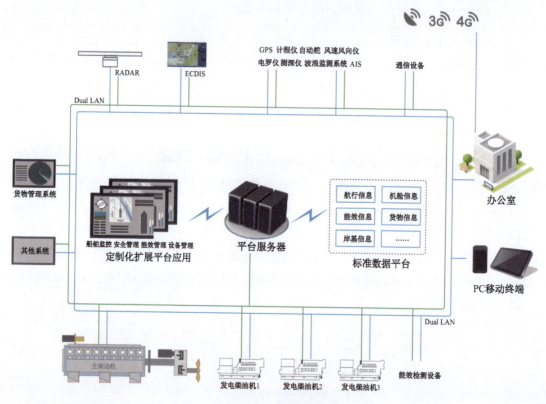

图 2　SOMS 智能控制端

2）工业软件技术。

工业软件技术是 CPS 核心技术要素中的软件要素。工业软件涵盖从状态感知到实时分析、科学决策、精确执行的全过程，包括数据接收、存储、转换与清洗等数据环境构建软件，CPS 数字孪生映射与认知技术软件和智能管理与服务软件等。

3）工业传输网络技术。

工业传输网络技术是 CPS 核心技术要素中的网络要素。SOMS 通过将一些设备作为边缘网关来连接异构网络。基于有线网络、无线网络和基于有线、无线网络形成的柔性灵活的工厂网络实现网络接入，并设定统一的通信机制与数据互操作机制，使数据在不同工业异构、异质的网络间传输和交换，以实现设备间的泛在连接、互连互通。

4）混合云平台技术。

混合云平台是 CPS 核心技术要素中的工业云要素。由于 SOMS 的基于混合云平台的统一信息平台与专用模型库，SOMS 可像智能手机的"平台+App"模式一样，面向船舶用户活动的各类需求，重点解决价值分析与优化决策支持，基于混合云平台以低成本、快速响应形式提供从船端到岸端的多个定制化应用，实现系统自治。混合云平台产品模式如图 3 所示。

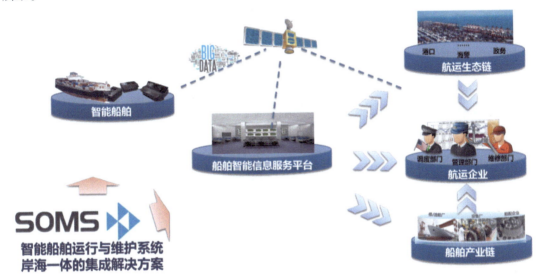

图 3　混合云平台产品模式

5）智能管理与服务平台。

智能管理与服务平台是 CPS 核心技术要素中的智能服务平台要素。面向岸基的智能管理端系统，面向船舶集群管理和航运管理需求提供层次化、定制化管理决策支撑，实现组织间、组织各部门业务流程之间的资源整合、活动优化，以及工作协同相关的决策支撑。以数据分析模型的自学习能力，进行自动模型训练与优化，形成感知、分析、评估、预测、决策、管理、控制、远程支持等智能一体化体系。

综上所述，智能船舶运行与维护系统（SOMS）本着"数据驱动、软件定义、泛在连接、虚实映射、异构集成、系统自治"的 CPS 理念，通过集成不同类型的硬件、数据、网络等，以软件为核心载体，实现全维的数据感知设备控制、综合分析管理、安全信息传输和定制信息服务。

3. 功能描述

目前，以 CPS 为技术核心的 SOMS 系统已进行了实船应用，其核心功能包括健康管理应用、能效管理应用、岸海传输系统应用等。

1）SOMS 健康管理系统——最大限度地提高安全性。

SOMS 健康管理系统围绕设备健康状态感知、健康状态实时分析、利用大数据分析技术提供辅助决策支持，最大限度地提高船舶的安全性与可靠性。基于 SOMS 平台集成的全船设备、环境、活动信息，调用涉及设备安全分析的专用模型库，对应运行工况、实时评价全船总体、主柴油机总体及各关键部件、发电柴油机组总体及各关键部件、轴系、泵组（基于离线巡检）的安全状态，包括正常、健康、预警、报警四种状态，并提供非健康状态下的特色分析工具，用于处理发现设备安全问题。SOMS 系统现场安装及靠港调试照片如图 4 所示。SOMS 健康管理系统主界面如图 5 所示。

图 4　SOMS 系统现场安装及靠港调试照片

2）SOMS 能效管理系统——最大限度降低能耗。

SOMS 能效管理系统，围绕船舶能耗关键设备和关键能耗指标，开展能耗状态感知和能效实时分析，利用大数据分析技术提供能效管理辅助决策支持，最大限度地降低能耗。基于 SOMS 信息平台，并调用涉及船舶能效分析的专用模型库，实时分析评估船舶海上航行能源消耗状态、设备性能-能源效率状态，找到能源消耗方向，并提供船舶航行及设备使用的优化方案，旨在将全船的整体能源成本降到最低。SOMS 能效管理系统主界面如图 6 所示。

3）SOMS 岸海传输系统——最大限度地降低传输成本。

基于 SOMS 集成信息平台及特有的大数据轻量化模型传输技术，将岸海传输数据量压缩至原始数据的 1%～3%。该系统每月花费十几兆字节卫通流量，实现全船近千余个状态数据 7*24 小时监控，并且管理总部远程船舶。

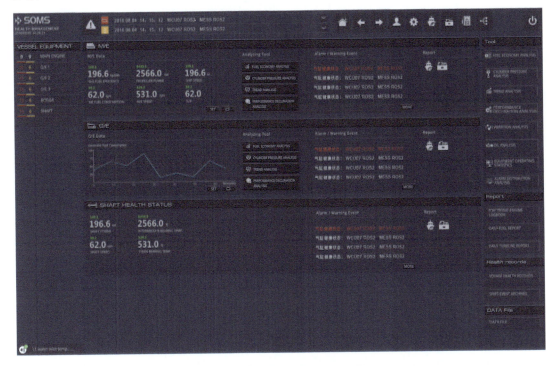

图 5　SOMS 健康管理系统主界面

图 6　SOMS 能效管理系统主界面

（二）实施步骤

海洋智能技术中心针对 SoS 级 CPS 的体系架构，结合中国海洋装备技术和应用特点，通过解决方案设计、体系工程建设和未来优化升级三个阶段来实施 CPS 项目。

1. 解决方案设计阶段

根据船舶产业应用对象的不同，分为三个层次的解决方案。

1）船舶：SOMS 个体 CPS 体系解决方案。

SOMS 个体 CPS 体系解决方案设计了由感知-分析-决策-控制 4 个模块构成的智能控制单元。在此基础上，利用模型移植将核心模型和关键算法制作成 CPS 胶囊，此后只需要安装 CPS 胶囊，并接入简单的关键数据就可以实现大部分自主优化功能，有利于高效率、低成本推广 CPS 成果。

2）船队：SOMS 群体 CPS 体系解决方案。

SOMS 群体 CPS 体系解决方案在船舶个体智能化的基础上，运用模型化传输手段实现岸海一体分析决策流程，为船东提供了基于 CPS 的群体认知学习环境，在安全、经济和环保三个方面为船东提供自主成长的智能化服务支撑。

3）产业链：SOMS 社区 CPS 体系解决方案。

SOMS 社区 CPS 体系解决方案提供面向全产业链的全维数据感知、综合数据分析、定制信息服务，以商船、渔船、执法船和关键设备等为装备对象，向用户提供装备全寿命周期信息服务、智慧航运、货物产业链服务、智慧渔业管理等智慧化服务，构建信息物理融合的船舶工业社区。

2. 体系工程建设阶段

SOMS 解决方案在实现过程中需要相互依托，相互促进，循序渐进。整个 SOMS 体系工程建设分三步走。

1）第一步，CPS 体系框架建设。海洋智能技术中心（OITC）建设由感知和自动控制硬件、工业软件、工业网络、工业云和智能服务平台组成的 CPS 框架体系，并在工业云和智能服务平台方面进行重点攻关。

2）第二步，通过典型船舶和重点企业的示范带动作用，将 SOMS 解决方案在船舶产业链上下游进一步推广，由船舶使用端向船舶的设计、制造端辐射，最终实现 SOMS 技术体系在船舶产业的整体布局。

3）第三步，通过船舶、船队和产业链的对象全面覆盖，实现 SOMS 解决方案在船舶设计、制造、使用流程全面融入，真正实现船舶全产业链的信息物理深度融合与广泛融合。

3. 未来优化升级阶段

在已有以数据技术、现代互联网技术为特征的 SOMS 解决方案基础上，依据航运市场发展趋势及对智能船舶的迫切需求，未来将着重构建统一的基于 CPS 核心过程和技术要素的智能船舶网络平台和信息平台，打造具备智能能效管理、智能机舱管理、智能航行和智能货物管理功能的新型智能船舶。

四、应用效果

目前，"SOMS 群体解决方案"已围绕招商轮船 VLOC、VLCC 等主力船型开展实船试装与测试工作，并取得了阶段性成果。

（一）实现船舶智能化

安装运行于 6.4 万吨散货轮的 SOMS 系统，累积航行数据 5.79GB，针对转速优化的实船数据仿真验证，可在宏观节油 5% 基础上达到 6% 的理想海里油耗节省空间；针对转速优化的实船航行验证，实现在 SOMS 认知范围内的有效调整，最高可达到 3.2% 的油耗节省。

（二）实现岸基管理智能化

岸基船队智能运行与管理系统，已具备完善的船位监控、海洋气象台风监控、航迹与航速监控、船舶机舱设备状态与能效监控等基本信息系统功能，以及在航线数据分析、船舶航行大数据分析报告、航速优化等智能系统功能。通过在散货轮和 VLCC 应用 SOMS 岸基船队智能运行与管理系统，以及船队运维管理 SOMS 系统移动端手机 App，实现岸基管理的智能化，取得了很好的应用效果。

（三）实现岸海一体化

以 SOMS 为代表的船基智能系统，通过连接岸基航运管理业务系统，实现船岸一体的工业大数据轻量化传输技术等手段。依托船岸一体的信息平台，成功解决了岸基实现船舶监控的数据量与高昂卫通资费的突出矛盾，实现了 3% 的卫通数据压缩量，使得仅花费每月几十兆字节卫通流量实现近千测点的船岸通信传输成为可能，极大地降低了船舶运营的卫通资费成本。通过定期或实时的智能信息服务形式，实现岸海互通与活动协同，进而实现船基活动支持系统与岸基服务管理系统的紧耦合，达成岸海一体的智能航运支持能力，形成了航次数据分析服务报告推送、船舶状态事件报告推送的有效模式。

五、推广船舶行业新业态

随着互联网、云计算与工业智能等技术的发展，传统的制造与服务模式已不能满足客户的要求，智能化已成为船舶行业和制造业的未来发展方向，船舶行业的智能化既包括船舶自身的智能化，也包括船舶行业产业链的智能化。

基于 CPS 核心技术要素构建的 SOMS 系统在船舶个体、船队与产业链层面为船舶行业及制造业提出了智能化解决方案。在船舶层面,基于视情维护服务,保障船舶安全、高效运行;在船队层面,为船东提供视情使用和视情管理服务,从安全、经济和环保三个方面为船东提供自主成长的智能化服务支撑;在产业链层面,融合政府及军、警、民领域的用户,构建虚实映射的业态融合赛博空间,实现产业链协同的全新知识认知模式,构建自成长型的产业价值链。

案例 7　沈机智能在机加工行业的 CPS 应用

摘要

> 沈机（上海）智能系统研发设计有限公司（简称"沈机智能"）以 i5 智能机床为基础，打造 iSESOL 工业服务平台，整合"一硬、一软、一网、一平台"，通过贯穿研发设计、生产制造、物流、服务等环节，形成人、机、物等资源集成和共享的服务平台，利用数字化技术和信息通信技术将实体物理世界与虚拟网络世界进行融合，针对产品的全生命周期、全制造流程，实现高度灵活、满足个性化定制的产品与服务，打造机加工行业的 SoS 级 CPS，在全局范围内实现信息全面感知、深度分析、科学决策和精准执行，为制造行业面临的信息孤岛、资源匮乏等问题提供智能化 CPS 解决方案，促进用户企业降本增效，形成以分布式布局、分级式结构、分享式经济理念为核心的智能制造服务新模式。

前言

沈机智能于 2015 年诞生，由沈阳机床集团独资创办，致力于高档数控机床与机器人等领域的运动控制技术及云制造技术的产品研发和技术储备。承载着 i5 智能数控系统、工业机器人、伺服驱动器等产品的研发、销售及相关产业化应用，沈机智能面向数控装备的用户提供基于产业链协同的 CPS 整体解决方案。

一、打破信息孤岛和资源限制，创新机械加工行业协同服务

随着中国产业结构的升级和供给侧改革的不断深化，高端制造业对机床，特别是高档数控机床需求的不断提升，产品高端化和加快整合将是机械加工行业未来发展的主线目标，也是实现发展和跨越的新契机。但是，这个过程也面临一些新问题：一方面，中国机械加工行业多为中小型企业，中小型企业由于规模的限制，企业内、企业间信息交流有限，容易造成信息孤岛；另一方面，中国机械加工行业现在面临的一个较严重的问题是大量的生产力闲置，得不到充分利用。据不完全统计，中国中小型生产企业的设备使用率普遍低于 30%。这也意味着企业花费大量资金购置的生产设备处于闲置状态，闲置的生产能力无法有效、及时地找到对应的需求，这是对生产资源的极大浪费。这些现象在机械加工业界里所占比例很大，已成为机械加工业整体发展的瓶颈，也造成了行业发展的不平衡。

本案例建设的 SoS 级 CPS——iSESOL 工业服务平台，通过集成先进的感知、计算、通信、控制技术，构建了人、机、物、环境等要素相互映射、适时交互、高效协同的复杂系统，实现设计、工艺、生产、装备的有机融合，可以解决制造各个环节的信息孤岛问题。同时，CPS 的本质是构建了赛博（Cyber）空间和物理（Physical）空间之间基于数据自动

流动的状态感知、实时分析、科学决策、精准执行的闭环赋能体系,这一体系也是传统机床转变成智能机床的基础,解决了机床等终端设备在生产制造、应用服务过程中的复杂性和不确定性问题。iSESOL 工业服务平台打造的生产资源共享和协同服务新生态,帮助中小企业应对研发能力、生产设备、技术人员等资源匮乏的问题,改变了产能分配不均的局面,促进了整个机械加工产业链的协同发展。

二、数据驱动"指尖上的工厂",提供机械加工行业制造全生命周期服务

为解决信息孤岛、资源限制等问题,提高资源配置效率,实现资源优化,本项目基于 i5 智能数控机床和工业服务平台 iSESOL 网,面对机械加工行业的数字化、网络化与智能化需求,提出无人化智能工厂解决方案和基于产业链的区域协同制造模式,打造机械加工行业 SoS 级 CPS 解决方案。该 CPS 解决方案以生产制造全生命周期的数据为核心要素,基于数字化技术和信息通信技术将实体物理世界与虚拟网络世界融合,贯穿研发设计、生产制造、物流、服务等环节,实现一种高度灵活、满足个性化定制的产品与服务的新制造模式。

基于 i5 智能数控系统和"云、网、端"的信息集成的制造平台,管理者可以通过终端 App,对车间里每一台机床的工作状态、每一个零部件的寿命数据信息、每一个工件的加工过程数据了如指掌,也可以通过 App 进行在线的生产管理,并通过移动电话或电脑,实现对千里之外的 i5 智能机床下达各项指令。

iSESOL 工业服务平台通过数据驱动"指尖上的工厂",使得工业机床变得"能说话、能思考",通过工业底层数据的穿透和基于云 VR 信息技术,虚拟生产过程能够与实际生产过程一一对应,一个加工单元完成后的全部制造过程数据信息被同步到云端,真正做到人、机、物互连互通,使得用户可轻松地通过移动终端对制造的全过程进行定制化智能管理。

三、建设 iSESOL 工业服务平台,服务机加工行业新生态

(一)技术方案

1. 整体架构

沈机智能的 SoS 级 CPS 包含自主研发的 i5 运动控制底层技术、数控装备接入与管理技术、工业软件集成技术,以及云制造技术,通过具备天然联网特性的数控机床采集零件加工、耗时耗电等数据,上传到云端进行数据分析,并根据用户需求进行生产规划等决策,将指令下发到设备端完成精准执行。

2. 核心技术点

沈机智能 SoS 级 CPS:iSESOL 工业服务平台,在"一硬、一软、一网、一平台"四个方面具备以下核心技术。

1) 以 i5 运动控制核心底层技术为基础的智能化设计加工技术。沈机智能在攻克运动控制核心底层技术的基础上，将传统制造装备打造成为了具有智能补偿、智能诊断、智能控制、智能管理等特性的智能 CPS 单元。i5 智能 CPS 单元的运动控制系统是基于 PC 平台的数控系统，采用全软件式结构。

2) 以数控装备互连通信协议为基础的设备联网技术。沈机智能开放数控装备互连通信协议接口，建立了更丰富的数据模型及跨平台通用性，易于与上层 CPS 应用系统集成，实现机床等设备和 iSESOL 工业服务平台之间的数据发送和接收。

3) 工业软件驱动的系统仿真、生产制造、车间管理技术。CPS 中的工业软件，是对研发设计、生产制造、经营管理等全生命周期规律的模型化、代码化、工具化软件。沈机智能以 i5 智能机床为中心，把作业计划、生产调度、设备管理、成本核算等信息系统全部集成。iSESOL 工业服务平台通过数据软件接口，采集每一台机床产生的真实数据来为管理者提供决策信息，并通过互联网来保证数据的实时传输。通过"一硬、一软、一网"的高度集成，实现了整个车间信息的透明。沈机智能 CPS 技术架构如图 1 所示。

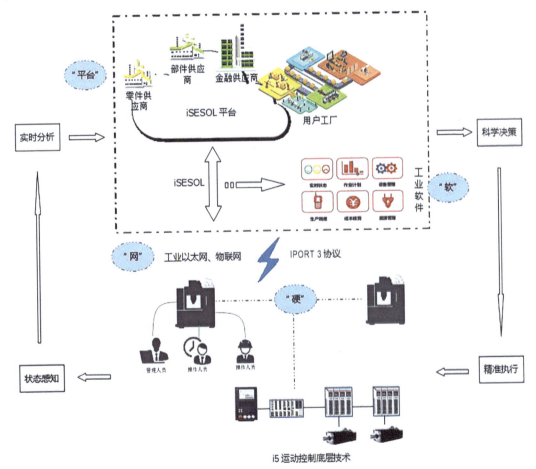

图 1　沈机智能 CPS 技术架构

4）大数据及云平台技术。iSESOL 工业服务平台作为典型的 SoS 级 CPS，其本身是一个集数据集散、数据存储、数据分析、数据共享技术为一体的工业云平台。分布在不同地区的 i5 智能机床、智能车间的数据信息聚集到 iSESOL 工业服务平台，装备资源、环境等物理空间在 iSESOL 工业服务平台的信息空间得到映射，形成了信息集中式处理和装备分布式控制的 SoS 级 CPS。

3. 功能描述

iSESOL 工业服务平台通过"一硬、一软、一网、一平台"构建 SoS 级 CPS，在机械加工领域开展制造数据云、交易智选云、生产管理云等业务模式，以在线服务为用户提供支持。iSESOL 工业服务平台业务功能如图 2 所示。

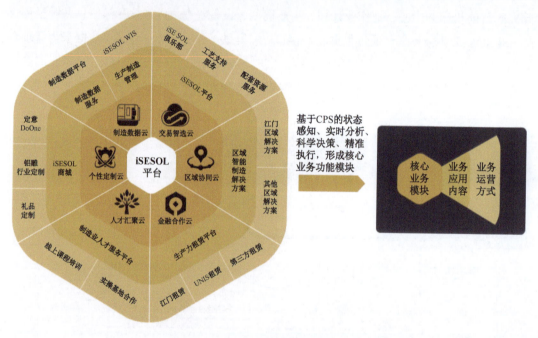

图 2　iSESOL 工业服务平台业务功能

1）基于制造状态感知与数据采集的 CPS 业务功能。

基于制造状态感知与数据采集形成制造数据云业务模块。通过装备互连实现对制造过程数据的实时管控和有效数据积累。利用 CPS 技术筛选相关生产数据，实时推送给工厂管理与执行等需求方。

iSESOL 工业服务平台面向机械加工领域，提供基于 CPS 的解决方案与云端应用服务。系统以基于制造状态感知与数据采集功能模块的 SaaS 模式对外提供服务，可以帮助企业实现从管理层到生产执行层的有效结合，使企业运营、订单管理、生产安排与过程管理、工序流转等实现全流程管控。

2）基于科学分析与决策的 CPS 业务功能。

基于科学分析与决策形成区域协同云、金融合作云、人才汇聚云业务模块。基于智能装备互连，在跨平台、跨系统的基础上，以区域行业为特征，集聚相关企业形成区域集群，通过科学的分析与决策，分配产能，提供配套供应商，并附加相关的物流、金融、教育机构等作为整个区域合作体的服务延伸，以核心基地带动区域制造业上、下游的整体发展。

依据数据、知识决策带动装备升级、小微企业提升，通过融资租赁及回收再制造等一系列模式，积极推动区域制造行业装备更新换代，通过降低资金使用门槛，实现更多智能化装备的落地使用，实现产能与生产效率的提高。从资金、装备、人才多重着手，实现对地区小微企业的扶持和培养，以孵化器的形式增加和增强小微企业自身实力。

3）基于精准实施与执行的 CPS 业务功能。

基于精准实施与执行形成交易智选云和个性定制云业务模块。CPS 实现线上、线下的资源映射，形成线上生产能力资源池，通过地理位置、装备工况、工艺能力等多维度，进行数据挖掘分析，实现订单的精准匹配，满足个性化需求的生产制造。

iSESOL 工业服务平台将组合起所有与制造任务相关的设备工艺和产能、人员、原材料、物流资料匹配等需求，使人、装备、产品等生产要求得以被共享出来。同时，iSESOL 工业服务平台为消费者提供了定制化服务，通过定制化服务发展潜在制造需求，结合基于来自民众的创新能力和基于社会的设计能力，以互联网共享经济的形式，催生"制造蓝海"。

（二）实施步骤

1. 设备的接入

CPS 首要是实现虚实映射，而这个前提就是设备的接入。基于智能装备的 iSESOL 工业服务平台为不同设备提供多种接入方式。根据接入方法的不同，可分为 SDK 接入及 IBOX 硬件网关接入两种。根据数据网络不同，可分为移动网络接入和固定网络接入两种。

结合 CPS 的"一硬、一网"，将硬件设备通过相关网络接入平台，具体来说，对于支持标准通信协议的设备，平台提供 IBOX 硬件网关，方便客户使用移动网络或固定网络接入平台。IBOX 提供标准的 OPC-UA 设备通信协议及 i5 通信协议，为设备提供便捷且整套的平台安全接入方案。对于非标设备，平台提供 SDK 开发包接入方案，降低对设备通信协议的技术门槛，便于客户将多种设备接入，增加平台设备资源的多样性。

2. iSESOL 工业服务平台建设

CPS 的"一平台"是高度集成、开放和共享的工业云和智能服务平台，因此，SoS 级的 iSESOL 工业服务平台主要分为用户层、访问层、服务层、资源层和跨层功能的建设。

用户层建设主要完成用户层业务功能、商务功能及管理功能的开发、部署工作。访问层建设主要完成访问控制、连接管理的开发、部署工作。服务层建设主要完成业务能力、商务能力、管理能力及服务编排的开发、部署工作。资源层建设主要是接入 CPS 的物理空间的设备，主要完成资源抽象和控制、资源接入、人力资源、数控机床资源、物料资源等开发、部署工作。通过 CPS 技术，实现部分物料资源和物料实体的信息对应关系。跨层建设完成用户服务及运营、商务、安全、集成、开发等功能的相关组件的开发和部署工作，为基于 CPS 的应用提供支撑。

3. iSESOL 工业服务平台功能扩展

在功能扩展方面，CPS 需要实现的是全流程、全要素、全产业链、全生命周期的资源配置优化和提升。因此，基于智能装备的 iSESOL 工业服务平台在供方、需方、系统运营方 3 个方面对资源配置优化和提升进行了功能扩展。

4. 下一步规划

在前面几个阶段的基础上，iSESOL 工业服务平台将进一步接入更多优势企业，将设备厂家、用户纳入 CPS 协同服务生态圈。同时，完善部署工业 App 软件，提供基于行业及特定场景的数据分析和计算能力服务，探索更多基于 CPS+云计算+边缘计算技术的服务模式。

未来，沈机智能将快速复制现有智能工厂联网模式，在全国搭建 50 家 5D 智造谷。同时，通过 iSESOL 工业服务平台的应用推广，逐步将基于 CPS 制造的模式从区域推广到全中国，形成更广泛地以 CPS 为创新要素的制造业发展新形态，带动整个制造业的智能化转型和升级。

四、应用效果

目前，iSESOL 工业服务平台已经为中国多地的工厂运行提供服务支撑，并取得阶段性成果。具体来说，该项目有以下实施效果。

（一）提高了服务设备的数量和质量

底层设备的接入量直接关系到 CPS 系统建设的潜力。截止到 2018 年 3 月底，iSESOL 工业服务平台在线机床装备数超过 10 620 台，联网工厂客户达到 2 000 余家，累计服务机时 2 371 千小时，在线订单成交量超过 5 500 单。

（二）促进了用户企业降本增效

CPS 系统以提升生产效率、创新模式业态为主要目的，现阶段，iSESOL 工业服务平台加速制造行业效率的提高，通过企业互连、业务协同，减少设备闲置率，企业效率可以提高 5%以上，物流效率可以提高 10%，整个产业节约成本按 5%计算，以设备制造业来说就是约 170 亿元。通过项目的实施，显著地缩短产品创意到上市的时间，提高了产品质量，有利于产品的推广，在提升装备的使用保养能力的同时，也提高了企业的生产效率。

（三）形成了可复制、可推广的服务示范效应

基于智能装备的 iSESOL 工业服务平台，不但会聚集产品创新设计、工艺优化方案，也会有原材料、刀具、工装等供需信息，通过线上资源和能力的供需匹配，使得线上资源

和能力得以公开、共享，形成一个机械加工行业的信息高地，大大降低行业内企业，特别是中小企业获取专业服务的难度。通过聚焦中小企业的需求，形成了可复制、可推广的 CPS 应用服务示范效应。

（四）推动了基于 CPS 的机械加工行业智能制造新模式的实施

沈机智能 SoS 级 CPS 以搭载 i5 智能运动控制系统的机床为基础，实现了从机床的智能化到车间、工厂的智能化行业全链条 CPS 解决方案。以智能设备互连，基于数据和信息分享的工业云平台，连接了社会的制造资源，实现社会化生产力协同的模式，形成完整的制造生态系统。

五、创造新模式，凝聚新生态

通过布局智能终端设备，建设 SoS 级 CPS——iSESOL 工业服务平台，连接利益相关者的增值网络，开展制造数据云、区域协同云等新模式业务，实现从机床的智能化到车间、工厂的智能化行业全链条 CPS 解决方案，解决制造行业，特别是机械加工行业面临的信息处理能力差、产能应变能力不足、资源获取难度大、个性化需求不断加强等问题，形成可复制、可推广的行业 CPS 经验和新的智能制造服务生态。该项目实施后，已显著地缩短了产品从创意到上市的时间，提高了产品质量，有利于产品的推广。同时，基于智能装备的 iSESOL 工业服务平台建设也为社会资源和能力的共享服务提供了实施路径，打造了分布式布局、分级式结构、分享式经济新服务理念。

案例 8　极熵物联在动力车间智能服务模式下的 CPS 应用

摘要

> 江苏极熵物联科技有限公司（简称极熵物联）基于 CPS 核心技术要素自主研发，并拥有完整知识产权的动力设备智能服务云平台（DbPE-CPS），是工信部重点工业产品和设备上云试点示范平台。平台面向动力车间，聚焦高能耗、通用性强、优化价值潜力高的通用动力设备，采用即插即用的服务模式，以快速见效为目标，实现从物理设备层接入到通信装备，到云平台、大数据应用的端到端集成。平台重点围绕空压机、锅炉等通用动力设备，基于平台开展数据采集、特征提取、模型优化，建设设备运行与故障知识库，开展运行监测、故障预警、预测性维护、运行能效分析优化等服务，保障设备安全、可靠、稳定、高效运行。该平台包括了边缘计算系统、智能终端远程管理系统、动力车间数据监控与分析系统及 AI 智能数据监管系统，涵盖了 CPS 状态感知、实时分析、科学决策和精准执行四个过程。到目前为止，平台已聚集了飞利浦、海尔、长安汽车等一大批知名用户，覆盖全国 25 个省市。依据平台用能单耗计算，对比平台使用前，客户平均节能率提高 15.2%，最高节能率达 29.4%。

前言

江苏极熵物联科技有限公司是一家专注于实体工业数据价值的创新型高科技企业，是国内 CPS 的先行者，是 CPS、智能制造、工业互联网等国家标准起草单位。极熵物联凭借自身在数据采集、大数据处理及动力设备机理模型领域的优势，面向制造业动力车间率先开展 CPS 研究，以动力设备远程运维和动力车间综合能源优化为核心突破点，提出了基于 CPS 的动力车间智能服务系统级 CPS 解决方案，并完成了验证。

一、节能减排，践行绿色制造

（一）建设背景

随着社会的快速发展，国内绿色制造、节能环保的意识逐步增强。自 2017 年引进全国碳排放权交易后，十三五后期带来的碳减排成本节约效应达到年均 1 500 亿元，年均减少二氧化碳排放量 2.8~3.2 亿吨，占同期工业减排量的比重 6%~8%。

空压机作为工业制造生产过程中的一个重要的工业动力设备，它所提供的压缩空气不同于一次能源，是利用一次能源或二次能源经空压机转换而来的载能工质，因此，压缩空气也是生产过程中重要的耗能环节之一。据相关媒体统计，我国当前空压机的用电能耗占到整个工业用电的 10%~20% 左右，在部分企业甚至超过 50%，是欧美国家能耗的 2 倍，是日本的 4 倍。以上海市为例：对 1 000 家年耗电量 500 万 kWh 以上的重点工业用电企业调查，在用空压机将近 6 000 台，涉及多种类型和大部分品牌。空压机年用电达 14.2 亿 kWh，约占企业消耗总电能的 12%，部分企业高达 30% 以上。根据纺织行业空气压缩机系统的调查分析：空压机系统五年的运行费用构成中，系统的初始设备投资及维护费用约占总费用的 23%，而电耗（电费）高达 77%。

（二）方案简介

极熵物联动力设备智能服务云平台（DbPE-CPS）主要功能包括动力车间边缘计算系统、智能终端远程管理系统、动力车间数据监控与分析系统及 AI 智能数据监管系统。动力车间中的空压机、干燥机、电表、流量计及环境传感器等数字化设备基于平台实现互连互通，包括设备状态的远程自动采集、控制策略的网络化传输、设备大数据智能化分析与可视化展现。动力设备由信息化孤岛变为一个个信息化节点，物理设备通过可信云平台融入到赛博空间。在赛博空间，智能优化决策信息将通过可信云精准执行到物理空间的每个空压机及其辅助设备，构成了一个动力车间系统层面的 CPS。

二、数据驱动，共创动力设备能效优化和无人运维

为了探索通用动力设备远程运维和压缩空气综合能效优化的转型发展方案，从根本上解决设备生产商、设备运维商、节能服务商与制造业之间的动力能源稳定运行和能源消耗之间的矛盾，共创"动力设备能效优化"和"无人运维"场景，平台基于系统级 CPS 的体系架构，结合动力设备和压缩空气生产和运行技术和应用特点，以平台为中心，聚焦设备的使用价值，通过动力设备互连互通及压缩空气生产和运行的智能化数据分析，帮助每个人理解动力车间产生的大量数据，与设备互动，实现设备的云端运营和模式创新，提供从设备接入、运行监控、资产管理、数据可视、能耗优化、设备数据预知分析等一站式 SaaS 服务，全面提升动力设备安全、可靠、稳定、高效运行。此外，通过数据驱动的在线核心设备运行绩效榜单和最佳工艺方案，帮助企业提升设备运行管理能力。

极熵物联动力设备智能服务云平台（DbPE-CPS）以 CPS 为技术核心，以数据驱动为基础，利用硬件、软件、网络和云平台等资源构建起状态感知、实时分析、科学决策、精准执行的 CPS，为动力设备生产商、运维商、节能服务商及终端用户提供以运行监测、故障预警、预测性维护、运行能效分析优化等服务为核心的智能服务平台，实现了从数据到信息到知识再到价值的转化。

三、平台引领，打造动力车间运营新模式

（一）总体架构

1. 总体架构设计理念

极熵物联在构建动力设备智能服务云平台（DbPE-CPS）时，遵循极熵物联一直以来对

智能化生产和服务的总体设计理念，即一个工业生产用的 CPS 必须达成稳定的系统、完备的数据及高效的算法这三个层面的整合，才能够真正达到最终的价值。以上任何一个层次的缺失，都将会影响到这个系统的最终落地。这种架构设计的理念来源于极熵物联长期从事工业人工智能和深度学习数据分析的经验。首先稳定的系统是工业无人化、自动化、智能化的基础，任何需要大量人为干预，随时可能出现问题和故障需要依赖相关工作人员进行实时监督和处理的系统，是无法作为一个稳定可靠的工业人工智能系统单独工作的。

2. 项目总体架构设计

针对极熵物联动力设备智能服务云平台（DbPE-CPS），极熵物联整体构建了三个层次总体架构，如图 1 所示。

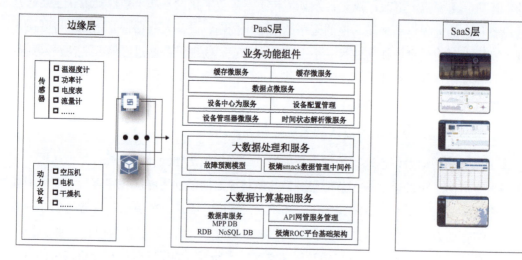

图 1 CPS 整体架构图

1）设备接入。

极熵工业云提供多种通信终端产品及接入方案，支持各种工业通信协议，可轻松实现对工业设备的接入。

2）设备监控。

极熵工业云提供了丰富的设备监控服务，可实现对现场设备的实时状态监测、远程启动控制、设备报警通知、设备地图管理、移动 App 监控等。

3）设备管理。

极熵工业云以设备为核心，面向设备提供全维度资料查询、设备保障、维修派工、工作执行、设备状态监测等功能。

4）设备分析。

通过极熵工业云提供的设备能效及预知分析工具，用户可直观了解设备运行的能效状况，获得预知性问题的分析结果。

5）协同制造

依托极熵工业云平台完成企业与企业之间的在线协同制造。实现从"产品"的交易到"制造能力"的交易。

（二）技术架构

1. SMACK 技术框架

1）Spark+Mesos+Akka+Cassandra+Kafka；

2）Spark 和 Akka 提供高效的数据处理能力；

3）Cassandra 提供分布式数据存储能力；

4）Kafka 提供数据和控制的传递机制；

5）Mesos 提供高可用的集群管理能力；

6）是支持业务中长期扩展，保证系统高可用性的技术基石。

2. 异构备份

1）以 PLC 为基础重新实现系统基础逻辑；

2）智能终端异构备份，既保障极端场景下的系统可用性、可靠性和稳定性，又提供复杂逻辑的可扩展性。

3. 数据处理基础架构

数据处理基础架构如图 2 所示。

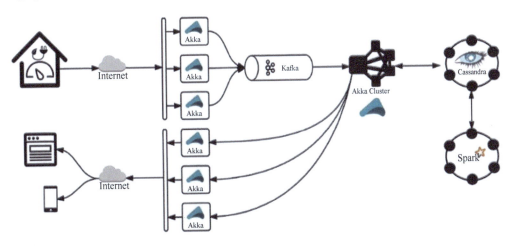

图 2　数据处理基础架构图

（三）功能系统

1. 状态感知

1）设备数据接入智能终端。

极熵设备数据接入智能终端（简称极盒），是针对工业场景下实时数据采集应用设计制造的多用途物联网网关。产品包含多种网络连接方式和丰富的工业设备接口，能对中小企业异构设备进行针对性互连互通，具备远程管理、数据采集与解析、数据存储和上传等功能。目前已集成600多种异构设备的协议。

通过极熵数据接入智能终端，能够将物理实体设备的电流、电压、转速等这些蕴含在物理实体背后的数据不断地传递到信息空间，使得数据不断"可见"，变为显性数据。状态感知是对数据的初级采集加工，是一次数据自动流动闭环的起点，也是数据自动流动的源动力。

2）智能终端远程管理系统。

极熵智能终端管理系统（mCloud），通过系统可以简单、便捷地管理DbIE-Box，远程了解DbIE-Box的设计状况，并提供终端计算报表、监控管理、OTA管理和应用推送管理等功能。

a. BOX监控：检测运行时状态，如CPU、内存、存储消耗，检测网络流量，避免额外开销。

b. 日志收集：根据配置存储运行日志定期进行清理，按需上传系统及应用、日志，便于技术分析与排障。

c. 远程控制：支持远程重启智能终端，无须现场操作，支持远程驱动协议下发固件升级和App推送。

2. 实时分析

1）边缘计算。

极熵设备数据接入智能终端通过Zopdos系统和ROCServer系统在数据的源头实现第一次数据实时分析和清洗。通过远程配置实现采集过程、报警机制、数据运算的差异化，并将原有的云端计算分析压力分布到底层Box，大大提高了云的运行效率，如图3所示。

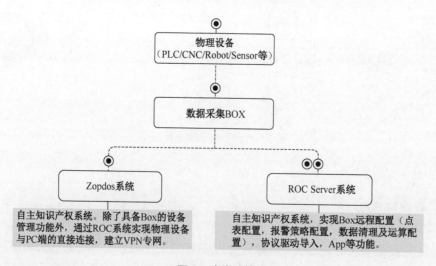

图3 边缘计算

2）云端大数据计算分析。

极熵动力设备智能服务云平台由基本配置、设备管理、实时监控、AI智能分析四大部分组成。在充分调研了企业对于设备管理和联网基本需求的同时，还对数据的分析与可视化进行了重点的设计与实现工作，从功能、业务逻辑、界面、交互、操作体验等环节展开架构。

3. 科学决策

极熵物联使用自助开发人工智能模型拟合软件，基于谷歌等行业巨头开源的深度学习框架来进行具体生产线人工智能模型的学习。生产线智能感知的数据在生产线模型层进行汇总后，经过离线建模产生能够用于生产线在线辅助决策模型，同时应用部署后经过智能感知获得的实时数据也在生产线模型层进行实时的自学习迭代，产生更强大的生产线辅助决策。图4~图7显示的就是一个训练、应用、迭代优化的人工智能从产生到使用的样例。

图4　实时监控

图5　设备管理

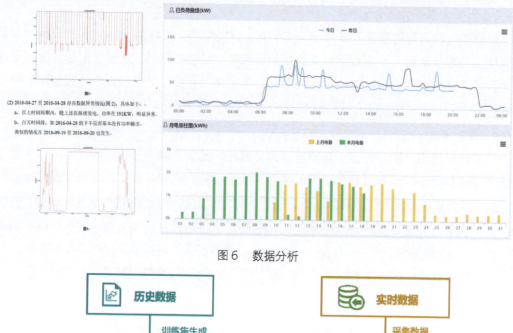

图6 数据分析

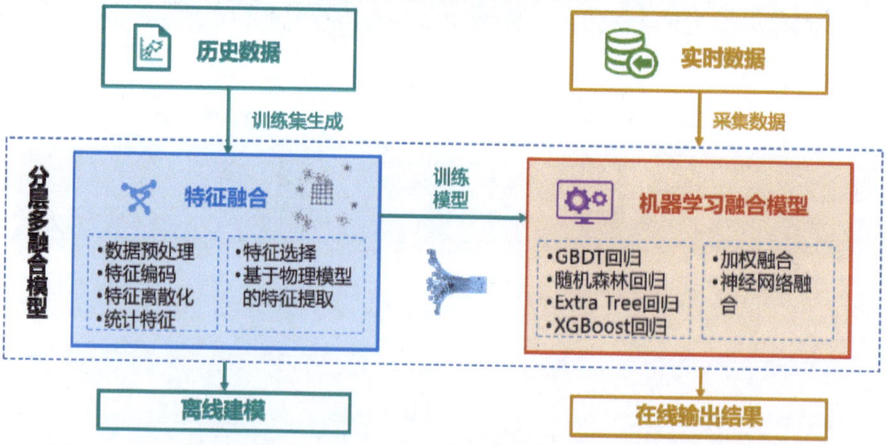

图7 人工智能模型拟合

从稳定的系统到完备的数据，我们为人工智能算法构建了扎实的基础，极熵数据使用最新的深度学习和迁移学习算法来实现人工智能的产生、应用和自适应学习。极熵数据目前主要使用人工智能算法。

1）卷积神经网络（Convolutional Neural Network），极熵数据使用该算法推进极熵数据的图像识别应用。

2）循环神经网络（Recurrent Neural Network），极熵数据使用这种算法进行时序数据分析，比如生产线的震动数据。

3）基于自动编码机和限制波尔兹曼机的深层模型。

4）模型融合算法。极熵数据通过使用 MXNet、TensorFlow 等框架完成初期人工智能的产生和后期的自适应学习。目前极熵数据也已经构建了用于 CNN 深度卷积神经网络的 GPU 集群来推进深度学习及人工智能模型的构建。

4. 精准执行

极熵物联动力设备智能服务云平台（DbPE-CPS）最终需要对决策的展开精准执行。在信息空间分析并形成的决策最终将会作用到物理空间，而物理空间的实体设备只能以数据的形式接受信息空间的决策。因此，执行的本质是将信息空间产生的决策转换成物理实体可以执行的命令，进行物理层面的实现。输出更为优化的数据，使得物理空间设备运行得更加可靠，资源调度更加合理，实现企业高效运营，各环节智能协同效果逐步优化。

设备生命周期管理需要面对的问题是如何追踪每一台设备的完整生命流程，包括生产、流通、使用、报废等阶段。确保设备可管和可控。

由于同样型号或类型的设备所承接的业务功能不同，需要对不同的设备进行独立的配置，并保证配置下发与同步的时效性与可靠性。

在设备的使用过程中需要不定期地更新系统固件和应用以消除缺陷或新增功能。这些更新应当通过联网 OTA 方式自动推送与安装，并根据需要制定推送计划。

针对可能出现的设备故障，应当有健全的监测机制长期监控设备运行状态，当异常发生时，可以得到通知并能抽取相关特征信息以便排障。同时，某些排障工作需要远程控制设备行为，这需要相应的安全保障以防止黑客破坏。精准执行如图 8 所示。

图 8　精准执行

1）网络系统。

图 9 为网络系统拓扑图，其主要包含如下几个部分：云端网络、安全数据链路网络、本地网络和传感器网络。

a. 云端网络：主要包含云服务器、数据库等云端网络环境下的服务节点，通过高速内网交换路由网络连接，提供可靠的网络服务环境。同时在云端网络的入口通过高性能负载均衡设备提供大规模设备接入能力，确保系统业务承载量达到一流水平。

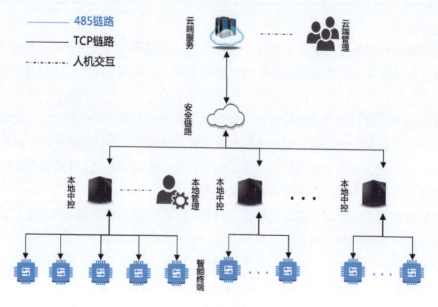

图 9　网络系统拓扑图

b. 安全数据链路网络：主要包含由本地网络到云端服务网络之间的公网或虚拟专用网络链路，通过安全可信的加密数据通道确保数据的机密性、可靠性和可用性。

c. 本地网络：主要由安装在现场的智能物联网关、边缘计算模块、中控服务器等组成。通过灵活的组网方式支持现场有线或无线组网，打通数据传输最后一百米的障碍，同时多链路备份确保组网稳定可靠。此外，由本地管理系统进行现场管理控制操作，确保在公网服务不可靠时对系统的控制能力。

d. 传感器网络：主要由智能物联网关与各传感器通过标准控制器及传感器协议如Modbus、OPC、FINS等，使用以太网或工业现场总线形式进行组网通信，从而完成对现场传感器设备的数据采集与控制。

四、技术创新，不断创造经济和社会效益

DbPE-CPS 云平台提供的是基于压缩空气状态的全方位智能设备运行维护管理，将从理念上转变业主对设备维护、检修的理解，将目前响应式维修和预防式定期检修相结合的方式转变为基于设备状态、依靠服务平台进行智能决策的预防性维护策略。空压机智能诊断运维服务平台从多个维度采集、管理和处理反应设备状态的不同物理量，根据智能算法进行多特征提取和状态识别，从而全面、可靠的实时掌握设备当前运行状态，为设备的预防性维护提供科学依据，从根本上避免设备的欠维护和过维护，全面提升设备管理水平。项目实施的效果如下。

1）通过对设备状态的持续监控，防止设备由小故障演变成大故障，避免机组因故障的裂化而导致二次损伤，杜绝重大、恶性事故的出现，大幅降低设备维修成本。

2）根据对设备状态的精准把握，提前合理规划受损部件的检修，减少非计划停机次数，提升检修效率，压缩检修时间，从而提升企业的产能和生产效率。

3）通过实时采集空压机排气量、出气量、电量消耗、流量等数据，通过模型计算实时单耗消耗情况，实现基于数据模型的单耗异常告警，从而降低企业的能耗。

4）利用精确诊断和大数据分析技术，结合设备历史运行状态，对受损部件的寿命进行科学预测，合理准备备品和备件，压缩库存规模，合理安排维护、检修人力，从而降低企业运营成本。到 2018 年，公司为空压机行业能耗降低 14.8%，计划外故障减少 55%，维护和服务成本降低 48%，设备完好率提升 7%。

5）通过对设备状态的实时把控，提高维护的及时性和有效性，从而保证空压机工作在良好的状态，避免因空压机供气问题造成产品不良，保障产品品质，降低产品不良率。

6）通过装备健康智能诊断系统完整的记录设备运行历史数据和工况，快速完成对设备的测试验证数据挖掘工作，比如确定设备关键部件的疲劳寿命、强度、承受载荷及振动指标等与设计仿真是否相符，从而指导优化设计流程，缩短设备开发周期，提升设备性能。

7）通过 DbPE-CPS 云平台，构建以设备为中心的物联网，使得企业之间的信息共享成为可能。根据企业意愿，实现企业间的协同工作，有效地消除行业故障诊断系统中的"孤岛"现象，实现互连互通。

五、模式创新，形成动力设备运营商的行业新业态

采用 AI 赋能的云端和边缘端数据同步管理和处理的技术架构，重点针对设备端系统开展集成感知、融合等要素的 CPS 支撑技术研究，重点研究基于数据驱动、软件定义、异构共融的 CPS 架构，通过边缘计算技术、雾计算技术、大数据分析等技术，研究并设计以 CPS 自组织协同理论为指导的动力设备智能服务和动力车间能源管控平台，形成面向动力车间智能服务的系统级 CPS。

本平台的创新性如下。

一是设备级 CPS 节点状态感知能力、对物理实体的控制执行能力、对外交互和通信能力；二是 CPS 支持节点之间的互连互通、管理检测和协同控制能力；三是 CPS 平台对内提供综合能源优化能力，对外提供设备远程运维能力，并通过应用场景验证 CPS 关键技术有效性。

案例 9　明匠智能基于加工单元的 CPS 应用

摘要

本案例对传统的机床进行智能化改造，将其改造成智能的生产单元，通过在信息空间中建立机床的数字化模型，以实际车间生产场景的数据作为驱动，实现信息空间与物理空间的虚实同步，完成对非标机加工生产的全流程追溯和跟踪管理，实现柔性生产。

该单元级 CPS 加工单元具有以下特点：一是在机床电控柜部署 CPS 标准协议兼容网关，通过机床数控系统专用通信协议实时采集机床的设备状态信息和产品的加工工艺信息；二是对机床的属性做抽象，创建机床的物理单元模型，通过模型可以实时分析机床的加工过程和能效状态；三是为机床配置扫码枪，识别工件标识，上传到边缘计算控制器；四是为每个机床配置边缘计算控制器，通过该边缘计算控制器实现对加工程序和工艺流转信息的闭环管理。边缘计算控制器根据工件的标识自动调取加工程序，下载到机床存储卡，启动加工，实现对机加工设备的精准控制和自治管理。

CPS 信息空间中的机床物理单元模型通过 CPS 标准协议建立网关与物理空间中的机床之间的通信，获得机床的实时信息，例如机床各轴坐标、转速、负载信号等。经解析后驱动信息空间中物理单元模型的同步动作，并实时展示刀头轨迹、各轴负载信息，完成对非标机加工生产的全流程追溯和跟踪管理，最终实现柔性生产。

前言

上海明匠智能系统有限公司（简称明匠智能）成立于 2010 年，是我国从事智能制造机电系统集成工程技术研究的骨干企业。公司凭借自身协议兼容网关、建模仿真、异构装备研发与集成等工程技术的实践优势，在机加工领域率先开展 CPS 研究，面向机加工领域非标柔性生产，以虚实映射和标准协议兼容为核心突破点，提出了基于 CPS 的设备自治解决方案，并实现了非标柔性生产场景下的设备自治管理。

一、缩减生产加工成本，建设智能化工厂

近年来，为实现中国由"制造大国"向"制造强国"的战略转变，国家正在大力推行精益制造、智能制造、柔性制造、敏捷制造等先进制造理念，并高度重视信息化在制造中的促进作用。国内机加工行业对信息化建设越来越重视，近年来大部分企业陆续搭建了 CAD、CAM、CAPP、OA、PDM、ERP 等各类软件系统，并且部署了包含分布式数控加工和机床数据采集系统，信息技术正在企业发展中发挥着越来越重要的作用。

目前，以缩短产品生产准备时间、缩短产品交货时间、提高设备生产效率、降低产品

成本为目的的智能制造，正在结合互联网技术、通信技术与机械技术，已经实现了生产、销售、设计及管理等部门的数据在一个网络下流动和共享。但伴随着非标准需求和定制化生产需求的不断增加，机加工生产制造难度越来越大。在多品种小批量的生产制造场景下，需要对产品的生产工艺和机加工设备自身状态实时采集分析，并与异构系统集成，实现信息的互操作，经过科学决策后，控制设备精准执行。所以，需要借助CPS技术实现对机加工设备管控，建设具有系统自治能力的CPS机加工单元。

二、CPS加工单元，创建工业生产新未来

该案例主要是基于虚实映射技术的CPS加工单元，在案例的建设过程中，企业本身对标准协议兼容、异构系统集成、数据互操作和物理单元建模等技术有了更加深入的理解，这也加深了企业的技术积累，为下一步建设系统级CPS打下了坚实的基础。对于用户而言，此案例可帮助用户对加工单元的相关参数、数据模型、加工过程等多方面信息有更深入地了解，也让用户对于CPS相关技术有了一定的认识，同时还能为用户积累数字化工厂的建设经验。该案例不仅对企业自身和其用户有极其丰富的价值，还为类似行业提供了成功模板，并制定了相关技术标准。例如，航天业和汽车行业可依据此案例，对产品进行单元级CPS系统建设，对其产品的全流程生产追溯和单元级的生产自治管理能力提供帮助。

通过工业互联网将状态感知、传输、计算与制造过程融合起来，实现机加工设备、立体仓库、AGV等单元级CPS之间数据的互连互通，进一步对整个生产过程实时、动态信息进行分析和控制，以实现装备生产过程中信息可靠感知、数据实时传输、海量信息数据处理，从而最终实现各组成CPS之间的协同控制能力，构建了从感知、分析、决策到精准执行的闭环生产管理体系，实现了整个系统的独立控制。通过标准协议兼容、异构系统集成、数据互操作和物理单元建模等技术的应用完成了单元级CPS的建设，也为今后的系统级CPS建设提供单体设备和技术基础。

三、虚实映射，引领机加工新发展

（一）技术方案

1. 整体架构

本系统是基于虚实映射技术的CPS机加工单元，该系统实现了机加工设备信息的可视化、工件的模拟加工、机加工设备与仓储物流系统的互连互通。本系统的整体架构如图1所示。

从架构图可以看出，本案例实现了"状态感知—实时分析—科学决策—精准执行"的数据闭环。将之扩展完善，构建数据自动流动的规则体系，应对制造系统不确定性，实现制造资源高效配置，实现单元级CPS自治管理。

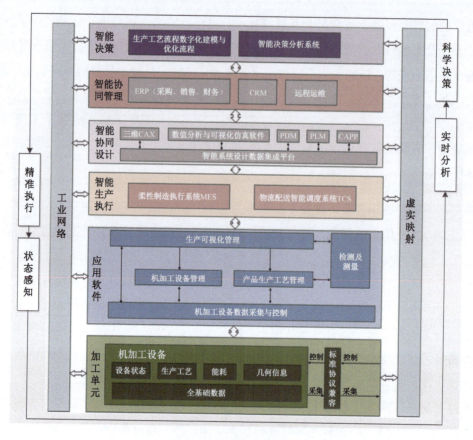

图 1 整体架构图

2. 核心技术点

本案例的总体规划是建设系统级 CPS 机加工工厂,第一期已经完成了单元级 CPS 机加工工厂,系统级 CPS 总体规划内容如下。

1)生产工艺流程数字化建模与优化:以 CPS 中的概念为基础进行物理单元建模。

2)智能决策分析:对实时采集的信号进行处理和分析。

3)构建车间互连互通网络架构与信息模型:搭建车间工业总线,并建立机床的信息模型,为 CPS 中的精准执行打下坚实基础。

4)构建数字化三维设计及工艺仿真和优化系统:主要是进行产品的虚拟设计和智能设计。

5)工业软件部署:建立产品数据管理(PDM)系统、产品全生命周期(PLM)管理、企业资源计划(ERP)、企业生产过程执行系统(MES)、制造过程现场数据采集与可视化。现场数据与生产管理软件实现信息集成,企业生产过程执行系统、产品全生命周期管理、企业资源计划系统高效协同与集成,此项技术的主要目标是实现 CPS 中的科学决策和精准执行。

6）数据分析与优化：基于大数据挖掘和云计算平台的企业数据分析和决策智能优化，主要涉及产品设计、成本、质量、能耗/物耗、设备安全运行维护、综合效益等智能数据分析与决策优化。

此项技术的主要目标是实现 CPS 中的实时分析和科学决策两个环节。

7）建立企业门户网站：实现产品设计、工艺、制造、检测、物流等全生命周期各环节的智能化水平及制造过程整体自动化、信息化和智能化水平，实现明匠智能装备智能柔性化制造的目标。

3．功能描述

本案例将产品制造从客户端开始贯穿整个产品生命周期，覆盖面广，可加工的零部件、关键构件尺寸规格全，在产品智能设计、生产智能调度、物流智能调度、设备故障智能诊断与运行维护、关键工艺操作参数智能设定等关键环节具有显著的先进性和智能性。案例中依据 CPS 中的相关概念和各项关键技术，搭建出"感知—分析—决策—执行"的数据闭环，实现了资源优化。本项目建设的机加工 CPS 单元制造智能化工厂属于国内首创，达到国际先进水平，其主要工作如下。

1）通过标准协议兼容工具，实时采集机床的设备状态信息、产品的加工工艺信息、能耗信息和机台设备的其他基础信息，并将这些信息通过标准的协议 OPC UA 与智能物流系统 TCS 软件、MES 软件做交互，实现了 CPS 中的状态感知和科学决策环节。

2）通过工业软件定义生产加工的流程，实现机加工设备管理和产品生产工艺管理，通过机加工设备测头和对刀仪对工件进行测量。用工业软件对设定工艺参数和实测参数做比对，优化加工工艺。

3）创建机床的物理单元模型，通过模型可以实时地同步分析机床的加工过程和能效状态。通过孪生的机加设备分析优化工件的加工工艺，分析生产过程对设备和刀具带来的影响，完成 CPS 的实时分析。

4）通过软件接口与 MES 系统和 TCS 系统集成，完成生产的管理和物流调度，此项功能主要是为了实现 CPS 的精准执行环节。

5）通过识别工件标识，自动调取加工程序，下载到机床存储卡，启动加工，实现对机加工设备的精准控制。

（二）实施步骤

本项目主要分为三个阶段，具体如下。

第一阶段主要是进行设备的安装和调试，以及数据的采集。其主要工作有完成机床电系统的改造，并进行单体调试、设备调试；根据机床的通信协议完成数据采集、工业软件的开发。此阶段实现了状态感知。

第二阶段主要是进行物理单元建模，主要工作如下：在信息空间中建立三维模型，实时采集相关数据传入信息空间，并对信号进行处理分析。此阶段实现虚实同步。

第三阶段，完成信息系统部署和各系统间的联调，并对相关部分进行改良优化。主要工作包含整个信息系统的部署调试。对所有模块功能进行联调、完善和优化，最终完成整个单元级CPS的建设，并实现科学决策和精准执行，达到自治管理。

这种CPS机加工单元可以推广到金属加工、冲压、注塑、焊接等领域，市场前景广阔。

四、实施成果

实施成果见图2。

图2　实施成果

④ 物理空间-标准协议兼容　　　　④ 信息空间-标准协议兼容

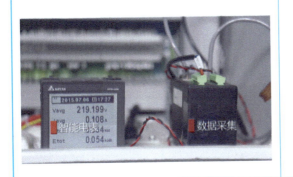 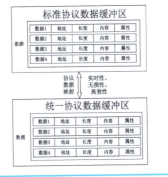

图 2　实施成果（续）

本案例通过"一硬"（数控机床）、"一软"（嵌入式软件）构成了"感知-分析-决策-执行"的数据闭环，具备了可感知、可计算、可交互、可延展、自决策的功能，是一个可被识别、定位、访问、联网的信息载体。

本案例打造了基于信息物理系统的成熟、完整、可复制的解决方案，可以面向生产设备及生产线改造、数据共享、工艺流程改造、能耗智能管控等重点，通过匹配客户需求和信息物理系统的最佳实践，建设应用案例库，形成边研究、边试点、边推广的联动模式。

案例实施后，带来以下成效。

1）在机床电控柜部署 CPS 标准协议兼容网关，通过机床数控系统专用通信协议实时采集机床的设备状态信息和产品的加工工艺信息。

2）对机床的属性做抽象，创建机床的物理单元模型，通过模型可以实时分析机床的加工过程和能效状态。

3）为机床配置扫码枪，识别工件标识，上传到边缘计算控制器。

4）为每个机床配置边缘计算控制器，通过该边缘计算控制器实现对加工程序和工艺流转信息的闭环管理。边缘计算控制器根据工件的标识自动调取加工程序，下载到机床存储卡，启动加工，实现对机加工设备的精准控制和自治管理。

5）将物理空间中机床的信号传给信息空间中的机床，实现机床的虚实同步。同时，还可以在信息空间中展示机床内部动作和刀头轨迹，并对传入信息空间中的信号进行信号可视化操作，如利用动态波动图或饼状图展示相关信号，以实现数据的处理和分析。

6）机床能效提升，通过对机床实时状态等信号进行监测，在机床空转时发出警告，可通知操作者机床正在空转，以便做出相关决策，从而提高机床的能效。经详细测试可知，本案例实施后能效相较于之前约能提升 5%~10%。

7）提高产品良品率，通过实时监测机床的行为属性，并与设定工艺相比对，工艺发生偏离时，发出警告，提醒操作人员进行相应的调整，从而提高产品的良品率。

五、推动机加工行业新发展

未来制造将是虚拟空间和物理空间相结合的制造,并将覆盖全部生产环节,使得整个制造过程连入数字网络世界。实体产品制造的全生命周期过程将在虚拟空间中产生映射,在虚拟空间中通过多物理量、多尺度、多概率的仿真过程完成对物理模型、传感器和智能参数等的更新,最终实现虚拟空间的优化结果在物理空间的及时反馈和智能优化运行。随着虚实并行能力的增强,虚拟制造空间所反映出的产品系统真实程度将不断增强,不仅企业产品设计质量、生产效率将大幅度提高,而且将引发面向全流程制造的变革。虚实结合是智能制造空间研究的重要特征,也是智能制造的一种模式。

该案例主要是基于虚实映射技术的单元级 CPS,在案例的建设过程中,企业本身对标准协议兼容、异构系统集成、数据互操作和物理单元建模等技术有了更加深入的理解,加深了企业的技术积累,为下一步建设系统级 CPS 打下了坚实的基础;对于用户而言,此案例可帮助用户对加工单元的相关参数、数据模型、加工过程等多方面信息有更深的了解,也让用户对于 CPS 相关技术有了一定的认识,同时还能为用户积累数字化工厂建设经验。该案例不仅对企业自身和其用户带来应用价值,还为类似行业提供了成功的模板,可复制性强。

案例 10　重庆斯欧在互连协同领域的 CPS 应用

摘要

> 研究开发智能制造互连协同平台产品，解决企业 SoS 级 CPS 的泛在连接与异构集成技术难题，达到工业企业 IT 域与 OT 域深度融合的目标，实现了企业应用、设备、人员及业务信息的跨系统、跨平台的互连、互通和互操作，促成多源异构数据的集成、交换和共享的闭环自动流动，最终形成以数据驱动事件、事件驱动流程、流程驱动业务的企业级业务协同自治的生产模式，实现企业服务创新。

前言

重庆斯欧信息技术股份有限公司（简称重庆斯欧）成立于 2008 年 3 月，2017 年在国内新三板上市，是专注于提供"制造业+互联网深度融合"解决方案、平台产品及实施服务的工业互联网公司。重庆斯欧市场服务定位于已经建立了众多单体信息系统（单元级或系统级 CPS），但是企业需要实现跨业务领域的不同系统间连接与集成，构建企业系统之系统级（SoS）信息物理系统（CPS），解决企业全局性、整体性的业务协同自治，并逐渐向智能制造演进。

一、突破工业要素连接与集成困局，为智能制造演进奠定基础

（一）企业要素连接与集成现状分析

数据驱动、软件定义、泛在连接、虚实映射、异构集成、系统自治是 CPS 的六大典型特征，其中，泛在连接和异构集成技术是建设系统之系统级（SOS）信息物理系统 CPS 的核心和难点，也是国内部分大型工业企业正迫切需要的技术解决方案。

制造企业在信息化建设的不同时期相继建设实施了众多应用系统（如：CAD、CAE、CAM、PLM、PDM、ERP、SCM、MES 等），这些系统本质上是企业设计、生产、供应、销售、服务和管理营运等不同业务领域的计算机数字化应用，处理各自领域内的业务活动、信息和规则（包含人员、设备、物料、工艺、环境、财务）等业务内容。系统可能是国内外供应商提供的商业通用型工业软件（如 PLM-Windchill、ERP-SAP、ERP-Oracle EBS 等），也可能是企业根据业务需要开发的专用型企业软件（如 CAPP、JITS 等），这些软件系统具有不同的标准、架构及开发语言，系统之间相对独立封闭、业务流程不能贯通、数据信息不能自动交换与共享，由此形成了一个个"信息孤岛"。

随着市场竞争的加剧、信息技术的迅猛发展及智能制造的演进，企业实现跨业务领域、跨职能部门的不同系统间连接与集成，构建企业系统之系统级（SoS）信息物理系统（CPS），

实现企业业务（包含人、机、料、法、环、财等）状态感知、实时分析、科学决策、精准执行的企业级层面的数据闭环，解决企业全局性、整体性的业务协同自治问题，并逐渐向智能制造演进，这是当前制造企业信息化建设面临的主要挑战。

构建企业系统之系统级（SoS）信息物理系统（CPS），实现企业级业务协同自治及向智能制造演进，涉及以下几个企业级泛在连接和异构集成的基础架构层面：一是企业应用系统及使用访问人员和角色的统一管理；二是企业应用系统之间的数据信息自动交换与共享；三是企业内部应用数据与供应链和社会生态圈的数据信息的自动交换与共享；四是企业设备数据信息的自动交换与共享；五是企业业务流程在业务价值链中各个应用系统间的贯通与实现；六是企业主数据管理的建立与实现，保证企业主数据的准确与唯一。

企业需要解决上述六个基础架构层面的问题，才能建立在企业全局范围内实现信息全面感知、深度分析、科学决策和精准执行的企业级泛在连接和异构集成体系架构（见图1），企业就能够将正确的数据和信息，在正确的时间传递给正确的人、机器设备及应用系统，能够形成以数据驱动事件、事件驱动流程、流程驱动业务的企业级业务协同自治的生产模式，实现面向生产全流程的企业全业务数据服务的创新与应用。

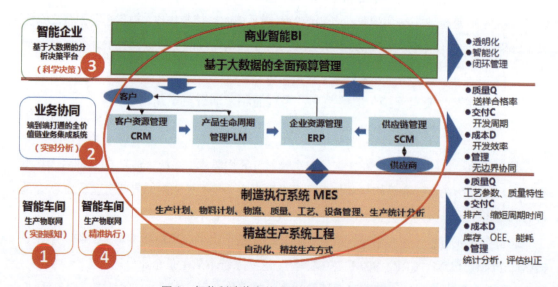

图1　智能制造信息物理系统（CPS）架构模型

（二）连接与集成的技术路径

工业企业信息系统的泛在连接和异构集成是智能制造信息物理系统（CPS）建设的重要内容，同时国内已经有很多大型工业企业存在着解决自身企业信息系统泛在连接和异构集成的技术方案需求。

为了解决企业信息孤岛问题，目前国内工业企业在信息物理系统（CPS）的泛在连接和异构集成领域，主要是基于国外（国内）成熟、通用和商业化的基础中间件平台，根据企业业务需要，为企业定制开发企业应用系统集成互连功能。但是这种定制开发增加了后续扩展的成本和难度，并给日常运维和系统升级带来巨大压力，势必被企业智能制造趋势所淘汰。

重庆斯欧一直专注该技术领域，率先通过模式创新，基于工业企业业务特征，利用信息化领域涉及的企业服务总线技术、工业数据总线技术、开放API技术、协同门户技术、业务流程管理技术、数据质量治理技术等，形成工业企业智能制造互连协同技术解决方案，采用标准化、组件化、服务化的方式，开发智能制造互连协同平台产品，极大地简化和方便了企业应用、设备、人员、业务间的连接和集成的项目实施、管理维护，以及后续的扩展升级，而且能够指导和简化工业企业业务的全面数据化建设，为制造企业向智能制造演进提供一个切实可行的泛在连接和异构集成解决方案。

二、数据驱动流程、流程驱动业务的企业级协同自治

智能制造互连协同平台对企业内部基于SOA实现应用和设备的互连，对企业外部基于API构建开放的产业生态系统互连的架构体系，通过提供应用互连（ASB）功能、设备互连（DSB）功能、供需链互连（OSB）功能及MDM主数据管理功能，采用私有云、混合云和公有云作为具体落地方式，构建起企业SoS级信息物理系统，达到工业企业IT域与OT域深度融合的目标，实现了企业应用、设备、人员及业务信息的跨系统、跨平台的互连、互通和互操作，促成多源异构数据的集成、交换和共享的闭环自动流动，即将正确的数据和信息在正确的时间传递给正确的人、设备及应用系统。最终形成以数据驱动事件、事件驱动流程、流程驱动业务的企业级业务协同自治的生产模式。

福耀集团利用重庆斯欧智能制造互连协同平台，搭建起企业SoS级信息物理系统，以此为基础构建以客户为中心的竞价服务流程，实现以客户需求为导向，组织企业后台资源，快速响应客户需求，并实现从"以生产为核心组织资源"向"以客户需求为核心组织资源"的新价值服务模式创新。

三、基于智能制造互连协同平台的竞价流程应用

（一）"制造业+互联网深度融合"解决方案

重庆斯欧提供的"制造业+互联网深度融合"解决方案（见图2）旨在通过建立对企业内部基于SOA实现应用和设备的互连，对企业外部基于API构建开放的产业生态系统互连的架构体系，进而实现跨系统、跨平台的互连、互通和互操作，促成多源异构数据的集成、交换和共享的闭环自动流动。

重庆斯欧提供的"制造业+互联网深度融合"解决方案，本质上是为企业构建企业级泛在连接和异构集成的架构体系，包含了OT（操作技术）与IT（信息技术）两个层面的融

合架构（见图3）。首先，将IT层面的各个单体业务系统（CApp、PLM、MES、ERP、SRM等）进行互连互通；其次，OT层面通过工业自动化系统（SCADA、DCS等）与设备智能互连管理系统将现场的产线、设备、机床、传感器等进行互连，然后通过技术平台将IT与OT融合，最终逐步向数字化制造、智能制造演进。

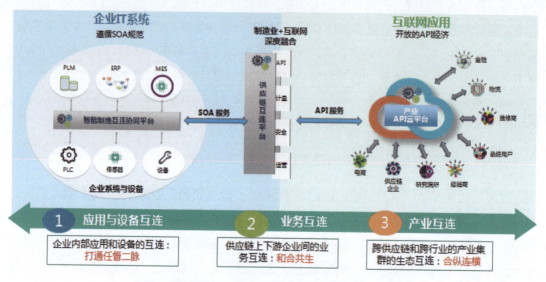

图2　重庆斯欧"制造业+互联网深度融合"解决方案

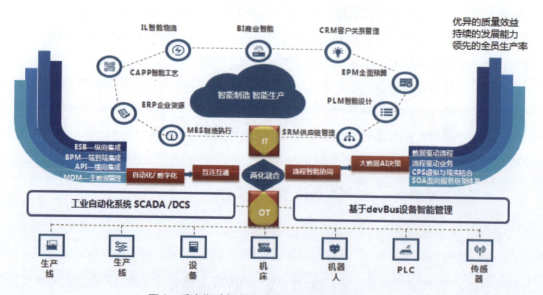

图3　重庆斯欧智能制造异构集成架构体系规划

重庆斯欧利用"制造业+互联网深度融合"解决方案，开发完成智能制造互连协同平台产品，通过提供智能制造互连协同平台产品的技术路线构建企业级互连协同（泛在连接和异构集成）架构体系，利用数据总线、服务总线实现数据层面互连，利用流程的协作实现业务层面互连，以及实现端到端流程，利用协同门户实现人员与信息层面互连（见图4）。

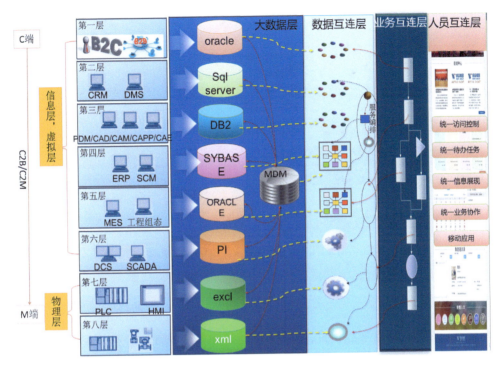

图4　智能制造互连协同的三个层面

利用智能制造互连协同平台，可以实现企业内部应用、设备、人员和业务流程的互连和集成（见图5），也可以实现企业外部产业链数据信息的自动交互和共享（见图6）。

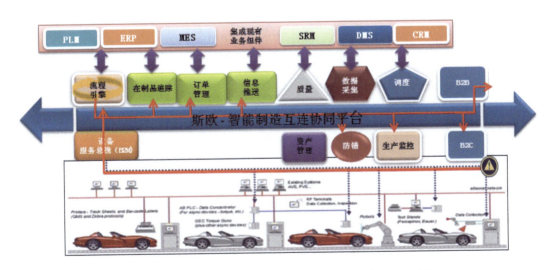

图5　智能制造互连协同平台在企业内部互连集成应用示意图

解决方案篇　099

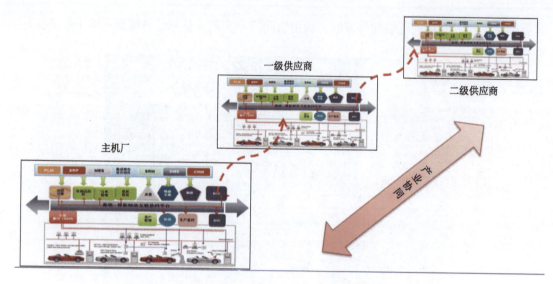

图6　智能制造互连协同平台在企业产业链互连集成应用示意图

（二）智能制造互连协同平台产品

重庆斯欧依据"制造业+互联网深度融合"解决方案，研究开发斯欧智能制造互连协同平台产品，旨在通过平台产品模式，搭建起企业级业务协同自治的基础架构。

1. 智能制造互连协同平台总体架构

智能制造互连协同平台产品建立企业级CPS泛在连接和异构集成架构体系（参见图7、图8），实现企业内部跨系统、跨部门的业务信息感知和协同自治。

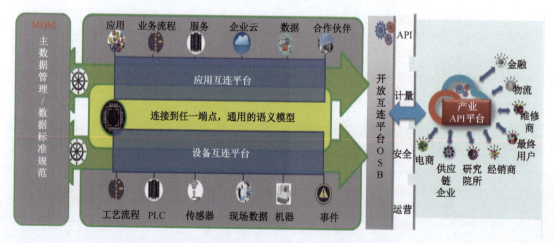

图7　智能制造互连协同平台总体架构

2. 智能制造互连协同平台产品功能

智能制造互连协同平台产品包括以下部分。

1）应用互连平台（S-ASB）。

基于SOA体系架构，简化应用系统之间的数据传输，屏蔽系统底层异构硬件、软件、数据和网络，形成松散耦合连接，实现信息的交换、路由、分发、转换等功能，确保企业数据信息跨平台、跨系统地可靠传输和自动交互，实现服务的全生命周期管理，包括服务发布、服务接入、服务监控管理等功能。

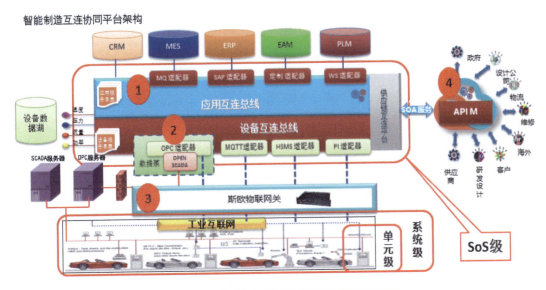

图8　业务状态感知与精准执行互连互通总体架构

2）设备互连平台（S-DSB）。

用于建立企业完整的设备连接、感知、预测技术的生态系统；能够把既有的资产和能力转变为结构化、信息化的表达和数字化的搜索和使用；又能使设备物理方式存在的实体资产与智能制造及互联网要求的流动能力进行精确匹配。

3）主数据管理（S-MDM）平台。

通过建立企业级主数据编码标准规范和管理维护流程，实现主数据全生命周期管理，确保企业级主数据的准确和一致，为企业应用系统提供统一、准确和标准的数据分发及管理服务，消除和避免"一物多码"和"一码多物"等企业数据质量问题，为数据应用分析及智慧决策打下数据质量基础。

4）流程管理平台（S-BPM）。

用于企业业务的互连集成，实现企业各业务环节的跨部门、跨系统的端到端的流程协作。

5）协同管理门户（S-Portal）。

用于企业人员信息的界面集成,实现企业应用系统及使用访问人员和角色的统一管理。可以部署来自不同系统的信息或服务模块、不同系统的交互操作模块，以及各种跨平台运行的协同流程。

6）开放互连平台（S-OSB）。

主要用于企业内部与外部世界（如供应链、行业生态圈）互连集成，通过 API 技术模式实现企业应用数据信息与外界服务的发布和共享。

（三）智能制造互连协同平台应用实例——新品竞价流程

福耀玻璃工业集团股份有限公司根据业务需要采购斯欧智能制造互连协同平台及技术方案，应用智能制造互连协同平台开发实现新品竞价流程。

1. 新品竞价流程需求背景

由于市场竞争愈发激烈，客户要求更短的报价周期，企业需要实现报价成本要素更透明、更准确，并需要改善竞价业务管理，其核心是持续改善知己知彼的分析能力，以及竞价过程高效管控能力，最后提升新品竞价的中标率（参见图9）。

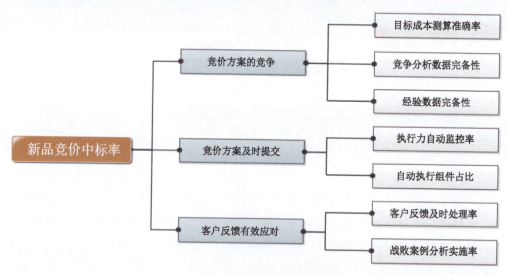

图9　新品竞价中标率影响因素

竞价业务管理改善的技术手段就是建设竞价管理流程系统平台，树立以客户为中心的竞价服务流程（参见图10）。实现以客户需求为导向，组织企业后台资源和能力，快速响应客户需求，并实现从"以生产为核心组织资源"向"以客户需求为核心组织资源"的新价值服务模式创新。

通过新价值服务模式创新，实现新品竞价管理流程的最终目标：通过快速、准确算准成本，并提供报价，提高客户信赖度、竞价过程管控能力和竞价中标率。

2. 新品竞价业务流程设计

1）提高竞价过程管控能力的技术路线。

基于 SOA 架构及智能制造协同平台（MDM、ESB、BPM、Portal 平台）搭建"以客户为中心"的企业级端到端流程管理平台，提高竞价过程管控能力。具体技术路线包括：竞价管理闭环、专业分工原则、数据驱动流程、流程驱动业务、基础改造先行（见图11）。

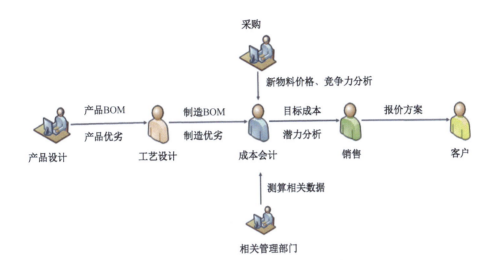

图 10 新品竞价流程关联业务

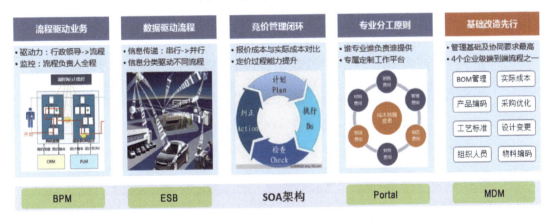

图 11 竞价过程管控能力的技术路线

2）新品竞价流程设计思路。

新品竞价流程设计思路（见图 12）如下。

a. 核心流程设计：让销售、技术、采购、财务、质量团队更及时协作，共同响应客户的询价请求，有效促进各部门间的沟通，进而提高效率。

b. 事前准备：通过及时共享，获取所需协助；提前启动基础数据的准备工作，避免匆忙应对；多部门协作的活动管理，共同面向客户。

c. 业务分析：线索、商机到 RFQ 转化为个数统计；中标自动记录及分析。

d. 基础改造：报价 BOM 改造，结构同生产 BOM；成本测算模型改造升级；明确职责与分工。

e. 过程监控：关键任务节点限时执行监控和提醒；关键节点超期执行及排行展示。

f. 事后跟进：通过对战败案例进行管理，建立经验库；红黄灯项目有效跟进，确保成本达标；通过比对实际成本修正报价模型及过程数据。

解决方案篇 | 103

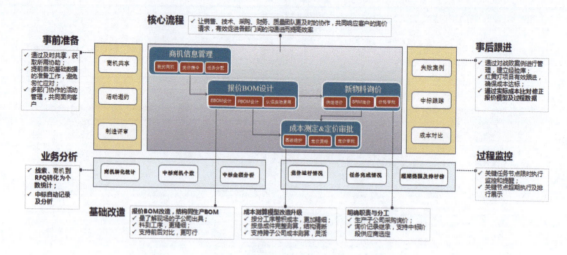

图 12　新品竞价流程设计思路

3）新品竞价流程能力组件设计模型。

新品竞价流程采用组件化设计模式，具体组件参见图 13。

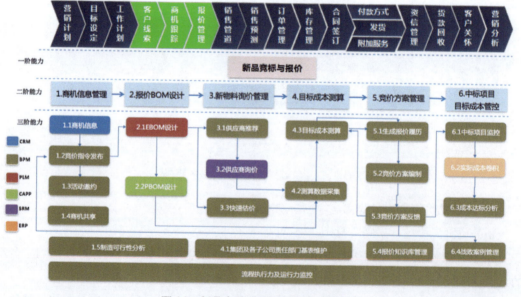

图 13　新品竞价流程组件化设计模型

3. 新品竞价流程技术方案

1）跨组织、跨系统的端到端协同流程实现方式。

基于智能制造互连协同平台，实现跨组织、跨系统的端到端协同流程。新品竞价流程端到端实现示意图参见图 14。

2）数据驱动流程、流程驱动业务的协同自治模式。

新品竞价流程通过将异构系统相关业务的全数据自动集成共享，从而实现数据驱动流程、流程驱动业务的协同自治模式（见图15）。

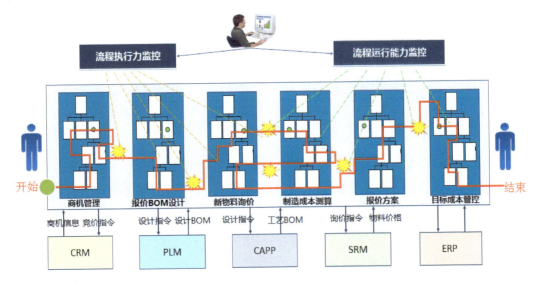

图14　新品竞价流程端到端实现示意图

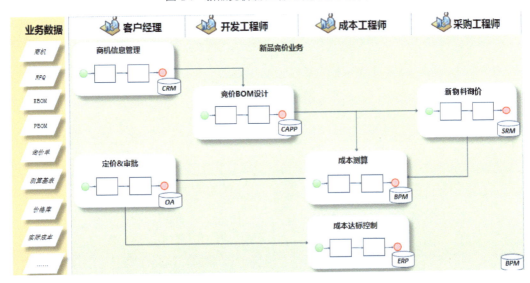

图15　数据驱动流程、流程驱动业务的协同自治模型

四、新品竞价流程落地的意义

　　企业管理的重点就是聚焦企业的核心业务，尤其是为企业创造业务价值的流程。但是，福耀集团现有的部分核心业务全流程，已经不能适应智能制造流程型组织发展趋势的需要，不能形成最佳的业务营运模式，需要建设智能化端到端业务流程。

　　竞价管理流程落地的意义，不同于简单OA审批流或原有单体系统内嵌的软件流程。新品竞价是跨多个部门、跨多个系统平台的统一协同流程，并采用数据驱动流程、流程驱动业务的方式，将过去人找事变成事找人的方式，进而提高工作效率，减少部门之间沟通协调成本，逐步消除信息孤岛及打通企业部门墙。

竞价管理流程在实现了集团竞价业务既有专业分工，又有紧密协作模式的同时，消除了流程文件管理与执行之间的两层皮关系，统一了集团竞价体系标准的执行落地，将竞价业务全过程的知识资产沉淀至数据库，方便后续开展查找、对比、参照、成本分析，以及对未来定价的指导。福耀集团将利用此平台工具，并以SOA面向服务设计理念将企业价值流流程逐步落地，以适应未来智能制造流程型组织变革的需求，支持企业转型升级。

五、预期经济社会效益

随着商业模式及市场环境的变化，工业企业可以利用智能制造互连协同平台，并以SOA面向服务设计理念将企业价值流的生产全流程逐步落地，以适应未来智能制造流程型组织变革需求，支持企业转型升级，实现企业服务创新，以及提升企业经济效益。

智能制造互连协同平台产品和解决方案的市场需求巨大，并且技术经济上切实可行，产业前景十分可观，社会效益巨大。

案例11　航空工业制造院在航空产品研制领域的 CPS 测试应用

摘要

针对航空行业特点，搭建了面向行业的共性技术平台，开发和研制了一系列通用和专用软件工具集，以及单元级 CPS 装置，形成了面向行业的 CPS 整体架构和典型的应用模式。针对产品的制造质量，打通了从工艺设计到制造生产及检验过程的数据链，实现产品和制造过程中质量相关数据的统一管理和闭环控制。在此基础上，选取飞机和发动机典型结构，构建了机加生产线、装配生产线及机器人集成应用技术研发平台等测试环境，从产品及生产过程仿真、产品开发制造一体化、生产相关信息系统集成和生产执行管控等方面进行单元级和系统级 CPS 的多角度测试验证，有效解决了航空产品研制过程中普遍存在的数据处理实时性差、工况状态反馈缓慢、运行决策粗放易变等问题，提升了航空产品制造过程的数据处理准确性、制造质量稳定性和产品状态一致性。项目成果在多家企业进行了应用推广，从航空行业整体上提高了产品的研制水平，推动了先进武器装备的研制能力提升。

前言

中国航空制造技术研究院（简称航空工业制造院）是专业从事航空与国防先进制造技术研究及专用装备研发的综合性研究院，多年来在航空智能制造相关领域承担了大量关键技术研究、产品研发和系统集成等工作，结合 CPS 技术为行业提供智能制造整体解决方案，并开展了针对航空行业 CPS 解决方案的测试验证与应用推广工作。

一、聚焦航空制造行业特点，提高航空产品研制能力

航空产品的研制是一个庞大的系统工程，具有工艺环节多、生产周期长、质量要求高等特点，数据传递、工艺设计、现场操作和状态监控、制造资源和物料配置等因素，都会影响到产品的质量和研制进度。目前国内航空企业生产组织管理复杂且具有多品种小批量生产等特点，使得航空制造企业对制造系统的适应性、制造质量稳定性、产能提升等方面有着更加迫切的需求。一方面，需要建立面向产品全生命周期的优化组织，实现资源的最优利用和制造过程的最佳模式运作，进一步降低装备制造成本。另一方面，需要通过科学合理的管控机制，有效统筹、管理、控制生产节拍和运行方式，提升装备研制的快速反应能力。

二、探索 CPS 行业应用模式,实现产品研制过程提质增效

针对航空产品研制过程中的实际需求,展开了航空行业 CPS 解决方案的测试验证与应用推广工作。以实现更为广泛的状态感知能力、实时的信息分析能力、基于分析结果的自主决策能力和后续的精准执行能力为目标,搭建了面向行业的 CPS 共性技术平台,针对行业重点领域开发了建模/仿真、MBD(基于模型的定义)、信息系统集成、生产过程统计/评价及可视化等工具集,研制了面向航空制造现场的单元级 CPS 装置,并通过对工具和单元典型应用模式的探索,形成了面向行业的 CPS 架构和规范,大幅度提升了典型航空产品的研制效率和产品质量。

三、构建 CPS 整体解决方案,由点到面展开测试验证

(一)技术方案

1. 整体架构

该系统面向航空典型制造场景,构建系统级 CPS。航空典型信息物理系统架构如图 1 所示。其中,信息层包括产品及生产过程仿真平台、开发制造一体化平台及 PLM、ERP、MES 等产品和生产过程信息系统。物理层包括面向具体产品生产的制造生产线、车间,由人、机、料等物理设备和单元级 CPS 装置构成。信息层和物理层的交互作用过程涉及产品、生产现场和生产资源的数据传递、过程控制和过程监测,以智能控制为核心手段实现人机交互、机机交互和控制信号在不同层级的传递,实现虚拟制造与实物制造的智能融合和交互,驱动产品研制和生产的高效运行。

2. 核心技术点

1)航空基础共性技术工具和单元的建设。

航空基础共性技术工具和单元是对航空产品研制效率、制造质量和生产能力等起关键性作用的基础共性工具和单元级 CPS,是构建航空行业信息物理系统的必要元素。该项目中的软件工具包括建模/仿真、MBD、集成工具、统计/评价、可视化等不同应用场景的工具集,解决产品研制过程中虚拟验证、数据传递、系统集成和生产管控等关键应用问题。CPS 单元针对在线检测、仓储管理、物流配送、精密加工、自动制孔和精准对合等不同业务需求,具有感知-分析-执行的典型特点。基于自主开发的相关工具软件和 CPS 单元,面向产品研制过程中虚拟验证、数据传递、系统集成、生产管控和现场执行等关键应用问题,进行相应业务层级的应用模式研究与建设。航空基础共性技术工具和单元整体框架如图 2 所示。

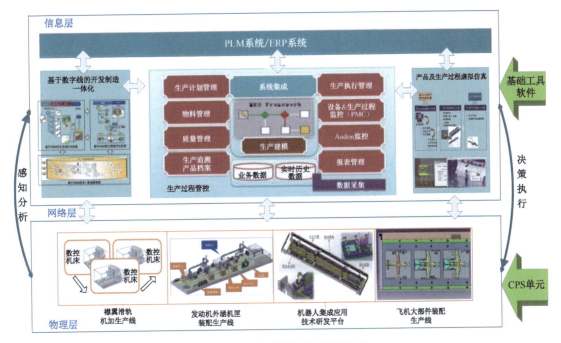

图1 航空典型信息物理系统架构

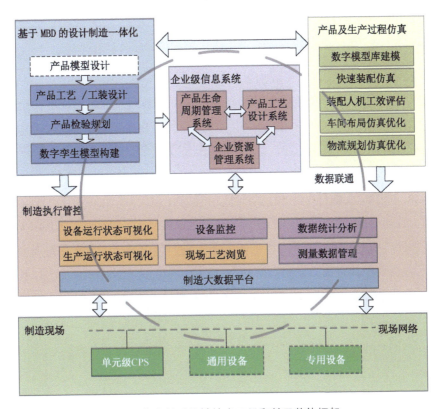

图2 航空基础共性技术工具和单元整体框架

2)航空典型应用模式的探索。

基础共性技术工具和单元的应用主要面向产品和生产过程仿真、开发制造一体化、信息系统集成和生产运行管控这四个航空产品研制过程中的不同业务领域。其中，在产品质量方面，基于数字线的开发制造一体化实现了基于模型的质量特征自动规划，支持后续制造的执行，同时在制造执行端进行基于规划的质量信息感知采集，并通过信息系统间的集成将质量数据传递到各相关系统中，实现产品制造质量的全过程追溯与管理。

在生产运行管控方面，探索新型工业操作系统与工业 App 的应用模式，搭建以工业大数据平台为基础的新型工业操作系统，整合制造现场的机器设备、仓储、数据等资源，对生产过程统计分析和可视化等业务进行应用开发与集成，提升生产运行过程的实时处理能力和资源调度能力等。工业操作系统整体架构如图 3 所示。

3. 功能描述

航空基础共性工具集方面，建模/仿真工具集包括了构建面向生产装备、零部件、产品等物理单元虚拟化的数字模型建模工具，用于构建描述物理制造环境的数字模型库；MBD 工具集是对产品、工艺、工装、检验等和产品全三维信息表述相关的进行 MBD 模型信息表达和提取的三维工具集。集成工具集用于 MES 与 PLM、ERP 系统之间业务流程集成、信息集成等接口定义与描述方法、数据存取方法等工具或 API 等。统计/评价工具集用于生产现场数据采集、分析、统计和评价的相关工具和准则等。可视化工具集是实现现场作业的图形化展现和生产运营情况的可视化显示。

单元级 CPS 方面，在线检测 CPS 单元在基于模型的基础上对加工质量、装配质量等进行智能化检测。仓储管理 CPS 单元对车间仓储物料入库、出库、转库、盘点等流转全过程进行动态、精细化管理。物流配送 CPS 单元在物流配送方案的基础上将物料准确配送到车间的各个作业单元，满足现场物料需求。精密加工 CPS 单元在对加工过程进行全程监控的基础上，动态地调整加工参数以实现对零件的精密加工。自动制孔 CPS 单元将制孔过程的各类信息进行集成分析，并通过智能化的制孔执行机构实现高效精准制孔。精准对合 CPS 单元，在产品装配时，对部件位姿进行智能测量的基础上通过运动控制装置实现部件的精准对合。

航空行业 CPS 整体解决方案是针对典型的加工、装配等生产单元或系统，从建模仿真、开发制造协同、信息系统集成和生产过程管控等方面提供咨询、规划和实施服务。

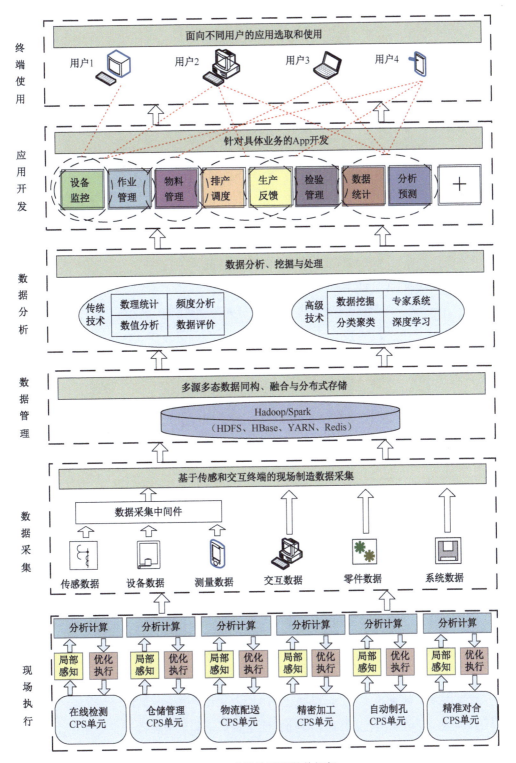

图3 工业操作系统整体框架

（二）实施步骤

首先进行航空基础共性技术工具及单元的开发，再针对航空典型应用需求开展应用模式的研究与建设，选择了具有代表性的航空典型产品对象和制造系统，建立 CPS 测试验证环境，形成具有行业特色的信息物理系统整体解决方案，最后进行项目成果的推广应用。项目实施方案如图 4 所示。

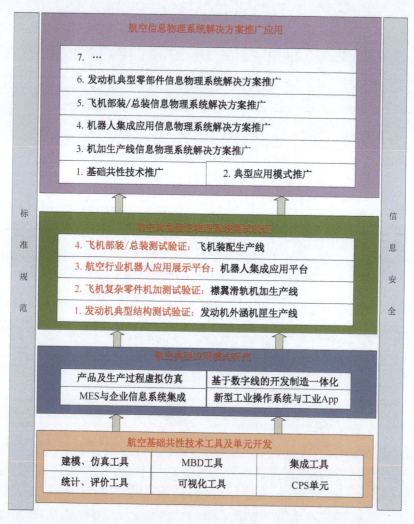

图 4　项目实施方案

1. 工具和单元开发

针对具体业务场景，开发了五个基础共性工具集，若干个软件工具（如表 1 所示）和针对不同场景的 CPS 单元。部分工具和单元的开发应用界面如图 5 至图 9 所示。

表 1　基础共性工具集中包含的软件工具

序　号	软 件 工 具	工 具 集
1	数字模型库建模工具	建模、仿真工具集
2	快速装配仿真工具	
3	产品装配人机工效评估工具	
4	车间布局仿真及优化工具	
5	物流规划及仿真优化工具	
6	基于 MBD 的工艺设计系统	MBD 工具集
7	基于 MBD 的工装设计系统	
8	基于 MBD 的检验规划系统	
9	关键特征在线测量与数字孪生模型建模工具	
10	工艺浏览工具	可视化工具集
11	设备运行状态可视化工具	
12	生产运行状态可视化工具	
13	设备监控工具	统计、评价工具集
14	数据统计分析工具	
15	测量数据管理工具	
16	大数据平台	
17	工艺系统与 PLM 集成工具	集成工具集
18	MES 与 PLM 集成工具	
19	MES 与 ERP 双向集成工具	

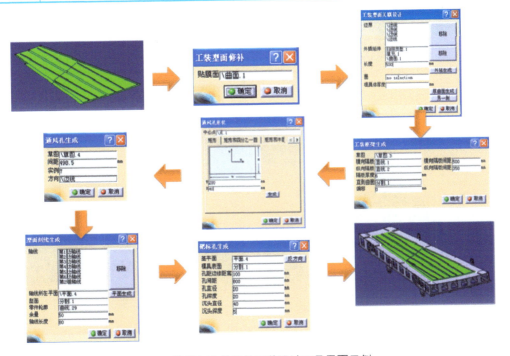

图 5　基于 MBD 的三维工装设计工具界面示例

解决方案篇　113

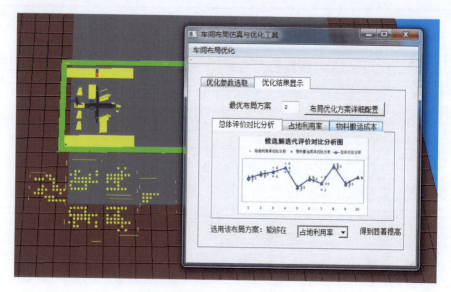

图6 车间布局优化工具界面示例

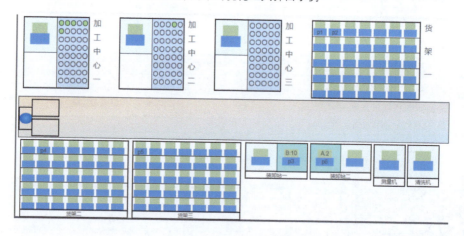

图7 生产运行状态可视化工具界面示例

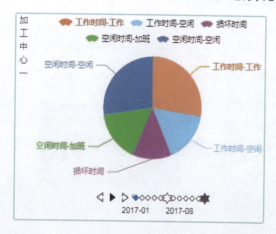
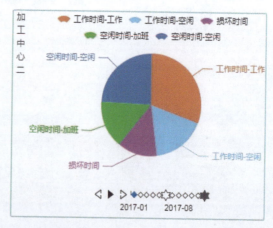

图8 数据统计工具界面示例

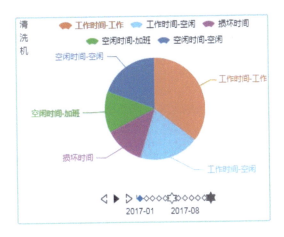

图 8 数据统计工具界面示例（续）

图 9 单元级自动制孔 CPS

2．应用模式研究与建设

针对产品研制及生产过程的虚拟仿真验证、开发制造一体化、企业信息系统集成、新型工业操作系统及工业 App 等应用模式，围绕提升产品研制周期和提高产品质量的目标，探索 CPS 相关工具和单元的应用场景和应用方式，解决产品研制过程中不同阶段、不同场景中遇到的问题，并形成了相关应用技术规范初稿。

3．测试验证

该项目选择具有代表性的航空行业典型应用环节，建立了涵盖飞机、发动机关键零部件的机加、装配等生产线的信息物理系统测试验证环境（如图 10 和图 11 所示）。从上层信息系统的集成、产品及生产过程虚拟仿真、基于数字孪生模型的开发制造一体化、装备层级的 CPS 单元的建立方法、信息物理系统的构成和运行模式等环节进行测试验证，形成行业级典型信息物理系统整体解决方案。

图10 机器人集成应用技术研发平台场景

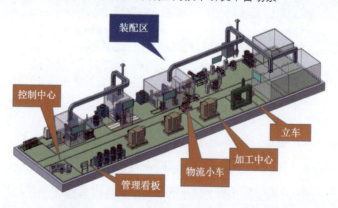

图11 发动机外涵机匣装配生产线布局

在单元和工具的测试验证过程中,该项目着重围绕产品的生产制造过程,通过软件工具实现生产现场运行过程的信息采集、分析和决策,并结合制孔、对合、检测等具有航空典型特点的具体制造过程,测试了单元级 CPS,同时实现了数据信息在信息空间和物理空间的双向流通。

4. 应用推广

通过该项目的实施,开发了一系列航空共性技术工具和单元级 CPS,基于在测试环境中的应用,形成了应用模式相关标准初稿,并在行业内的其他飞机和发动机产品制造企业进行了推广。面向航空产品制造过程中不同层级的单元和工具在应用环境中取得了较好的效果，提升了产品的生产质量和效率。后续还将继续针对项目中的单元、工具、应用模式和 CPS 整体解决方案在行业内进行深度推广和应用。发动机外涵机匣装配生产线 CPS 整体解决方案如图 12 所示。

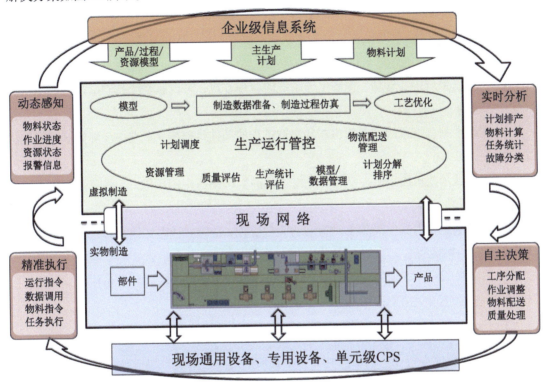

图 12　发动机外涵机匣装配生产线 CPS 整体解决方案

四、应用效果

该项目研究成果在多个生产线、平台进行了测试验证，取得了较好的效果。项目成果应推广至包括产品研发、工艺研发、生产线规划、车间/生产线等生产系统运营等航空产品制造企业的不同阶段和场景中，具有全覆盖、多维度的示范作用。

1．经济效益方面

该项目的测试对象包括襟翼滑轨加工、外涵机匣装配和飞机大部件装配等过程及机器人集成技术研发平台。通过对共性技术工具集、CPS 单元及 CPS 整体解决方案的研发和应用测试，可以在项目周期结束后大幅度提高验证对象产品的产能和质量，降低生产成本，从而带来较为显著的经济效益。

1）发动机外涵机匣装配生产线预计一年后年产能提高 50%，产品合格率提升 20%；

2）通过提高产品加工的质量稳定性，襟翼滑轨生产线产能预计将增长 20%；

3）机器人集成应用技术研发平台将大幅度提高焊接、打磨、装配等产品制造的效率和质量，同时会降低制造成本 10%；

4)飞机装配生产线借助该项目的软硬件平台,将飞机部件装配的效率和精度质量各提升了20%。

另外,该项目的研究成果在行业内外的其他企业进行推广,将为这些企业带来产品制造效率和质量等方面的提升。

2. 社会效益方面

通过该项目的实施,可获得以下几方面的效益。

1)可以有效统筹、管理、控制生产系统的运行方式,实现航空产品制造过程产品相关数据的可追溯、可显示。

2)实现了制造资源的最有用机制和制造过程的最佳运作模式,进一步降低航空产品制造成本。

3)该项目的技术成果将在航空上下游产品的生产制造中应用推广,将有效促进中国航空制造业的成功转型。

4)航空制造业占据中国装备制造业的关键位置,是国家战略性高科技产业,而实施以CPS为核心的智能制造工程是中国制造业转型升级落地任务中最重要的工程之一。航空行业CPS测试验证解决方案的成功应用,对其他行业具有良好的辐射和带动作用,有助于提升中国装备制造业的整体发展水平。

五、航空行业应用推广,助力装备制造业成功转型

该项目面向航空行业,以信息物理系统相关的工具、系统、集成平台在飞机产品制造中的研究和应用为主线,将单元级和系统级CPS应用于产品的研发、制造、检验等全生命周期,以及生产系统从规划设计到运行过程中,达到提升产品质量和提高生产效率的目的。项目以正在研制的相关航空产品为应用验证对象,代表了中国装备制造业的较高水平。

该项目技术架构、工具和单元、应用模式等具有通用性和可扩展性,可推广应用到中国新一代飞机、航空发动机等领域。项目建设成果在相关行业的推广,可以有效促进中国装备制造业的成功转型,对中国装备制造业发展具有深远的意义和价值。

案例12　电子标准院在共性关键技术领域的 CPS 测试应用

摘要

本案例面向信息物理系统（CPS）的物理单元建模、数据互操作、标准协议兼容、异构系统集成、工业信息安全五项共性关键技术，研究并构建测试验证方法、工具集和用于测试验证支撑的制造单元知识库、模型库和资源库，并建设一个面向设计、仿真、工艺、试验、质量、生产、能耗等环节的系统数字化模型，针对信息物理系统共性关键技术测试验证的特殊及复杂性需求，打造一套在技术上国际先进，在规划和资源储备上达到国内首创的信息物理系统共性关键技术测试验证平台，并针对机械、汽车、航空等重点行业开展了推广应用。本案例的价值，一是提升对 CPS 共性技术的测试验证能力，二是打造对外提供测试验证服务的能力，三是对共性技术与测试规范进行推广应用，四是推动行业应用示范与测试验证，最终带动 CPS 产业生态的健全完善。

前言

中国电子技术标准化研究院（简称电子标准院），又称工业和信息化部电子工业标准化研究院，创建于 1963 年，是工业和信息化部直属事业单位，是国家从事电子信息技术领域标准化的基础性、公益性、综合性研究机构。电子标准院于 2016 年 9 月受工信部指导发起成立中国信息物理系统（CPS）发展论坛，主要在信息物理系统标准研制、测试验证、理论研究、应用推广方面开展支撑工作。电子标准院于 2017 年 1 月开始筹建信息物理系统（CPS）共性关键技术测试验证平台，历时两年，并在 2018 年获批工业和信息化部制造业与互联网融合试点示范项目。

一、以测试带动技术攻关，稳步推动 CPS 技术发展

随着云计算技术、嵌入式计算技术、新型传感器技术、通信技术和智能控制技术的迅速发展，CPS 作为一门新的研究领域应运而生，引起了国内外学术界及工业界的广泛关注。CPS 通过将先进的控制技术、通信技术、计算技术进行深度融合与有机协作，实现物理世界与虚拟世界的互连，它是具有自主感知、自主判断和自主调节治理能力的下一代智能系统。自 2006 年提出以来，发展信息物理系统已经成为美国、德国等发达国家振兴制造业的战略布局，成为制造业与互联网融合发展的重要基础支撑。

信息物理系统是多种高新技术的有机融合，具备复杂系统的各类特点，对系统的建模和测试成为突破的重点领域。对于 CPS 的建设发展，需要剥离出 CPS 建设中的共性关键技术，例如物理单元建模、数据互操作、标准协议兼容、异构系统集成、工业信息安全等，并对共性关键技术进行描述和定义，并能够实现对其测试验证的能力，进而指导机械、汽

车、航空等重点行业发展 CPS 和明确建设方向。目前国外的爱达荷国家实验室、橡树岭国家实验室、西北太平洋国家实验室等均已开展相关研究，而中国在 CPS 领域起步较晚，体系化研究不足，需要研究测试技术规范、测试工具及测试环境，从而构建全面的测试体系。

二、以测试验证平台为切入点，促进 CPS 行业应用与推广

测试验证平台建设与应用推广有利于促进创新，通过测试验证平台的建立，在信息物理系统设计、研发过程中，通过测试技术识别系统风险，并采取相应措施，增强技术研发效率和节省研发成本；同时通过测试验证平台的测试问题发现和总结分析，完善标准内容，反馈支撑技术的研发。

测试验证平台建设与应用推广可有效促进产业发展。测试验证平台作为信息物理系统产业生态的一部分，有利于国内企业提升自主创新能力，提高产品质量，增强国际竞争能力，为国内产品进入国际市场开辟道路；有利于推动信息物理系统相关标准的贯彻和实施，推进中国信息物理系统示范应用的有序进行和有效实施，推动信息物理系统产业规范、有序、健康发展；有利于推进合格评定结果国际互认，从而促进国际贸易，为中国产品顺利进入国际市场提供服务，为信息物理系统产业的全面发展提供有力的支撑服务。

测试验证平台建设与应用推广可有效加快信息物理系统在行业内的应用推广。通过对信息物理系统共性关键技术测试验证，有效保障和验证关键共性技术的可靠性、有效性和安全性；同时通过重点标准研制能够有效地推动共性关键技术的落地，对技术要求的关键环节和要素进行固化，切实帮助企业理解 CPS 的内涵，促进 CPS 行业应用和推广。

三、建设 CPS 测试验证平台，推动 CPS 解决方案落地

（一）技术方案

1. 整体架构

本案例的技术方案整合了多个与信息物理系统相关的不同专业，如信息技术、网络技术、控制技术及信息安全技术等。建设覆盖物理单元建模、数据互操作、标准协议兼容、异构系统集成、工业信息安全等方面共性关键技术的测试验证方法、工具集和用于测试验证支撑的制造单元知识库、模型库和资源库，并建设一个面向设计、仿真、工艺、试验、质量、生产、能耗等环节的系统数字化模型，针对信息物理系统共性关键技术测试验证的特殊及复杂性需求，打造一套在技术上国际先进，在规划和资源储备上，达到国内首创的信息物理系统共性关键技术测试验证平台，并进行推广应用。

如图 1 所示，本平台从逻辑构成上主要分为数字化模型、重点技术标准、测试工具与测试用例、支撑资源库和测试验证服务门户五大部分内容，其中前四部分又为信息物理系统共性关键技术相关标准符合性测试与验证提供了支撑。

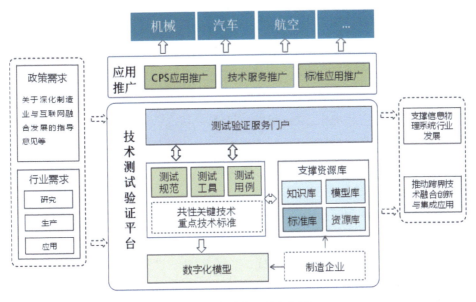

图 1 平台总体设计框架图

测试工具和测试用例主要是针对 CPS 共性技术测试所需研发的技术、方法及相应的工具集，包括了物理单元建模、数据互操作、标准协议兼容、异构系统集成、工业信息安全五个方面，是形成有效测试验证能力的核心所在，也是测试验证技术水平高低的直观体现。数字化模型为将各种技术和工具应用到测试业务中提供一个场景，能够展现五个方面的关键共性技术，并且覆盖设计、仿真、工艺、试验、质量、生产、能耗七个环节。重点技术标准是关键共性技术相关的原有标准和新研制标准的集合，可协助进行共性关键技术的测试验证。支撑资源库主要是由知识库、模型库和资源库等基础数据资源构成，以制造单元为逻辑划分单位，在整个平台中起到测试支撑与知识共享作用。测试验证服务门户以测试工具为基础，是对外提供共性关键技术测试验证服务的窗口，面向机械、汽车、航空行业进行推广。

2. 核心技术点

1）采用前沿架构与主流技术开发多款测试工具与数百测试用例。

本案例针对信息物理系统的数据互操作、物理单元建模、异构系统集成、标准协议兼容、工业信息安全五项共性关键技术开展了测试工具开发，其中每个测试都具有大量创新性。

物理单元建模测试的创新性：

a. 建立了物理单元建模参考框架，包括几何结构、运动学模型、电气特性；

b. 物理单元与模型一体测试；

c. 异构系统集成测试的创新性；

d. 全面覆盖系统集成常用的协议与标准；

e. 用户测试参数自动归档，下次测试自动载入，简化测试流程；
f. 采用前沿技术和算法，测试结果准确、完整和合理；
g. 采用 Docker 容器的方式部署，方便移植；
h. 支持批量测试，可同时对 100 个用例进行测试；
i. 支持在线测试和离线测试，可应对不同测试环境。

数据互操作测试的创新性：
a. 基于 opc ua 提取数据的 CPS 数据互操作测试；
b. 针对元数据的 CPS 数据互操作测试。

标准协议兼容测试的创新性：
a. 基于 opc ua 提取数据的 CPS 数据互操作测试；
b. 针对元数据的 CPS 数据互操作测试。

工业信息安全测试的创新性：
a. 集成工控设备指纹，支持多种对工业协议漏洞的检测；
b. 支持面向组态软件、嵌入式操作系统的工控脆弱性扫描；
c. 整合已知漏洞检测和未知漏洞挖掘功能，自动检测设备漏洞。

2）利用多项最新技术构建系统数字化模型。

利用信息物理系统的虚实映射技术，形成数字化建模方案。一方面为本案例提供测试验证环境，另一方面也为向社会各界加深信息物理系统的理解提供了支撑，如图 2 所示。

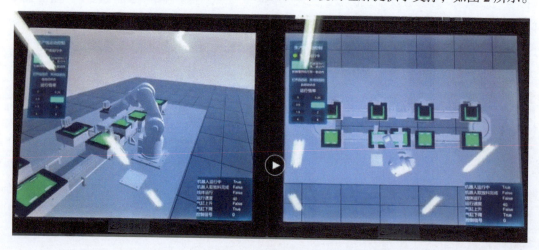

图 2　数字化模型

3. 功能描述

本平台的设计与研究整体围绕五项信息物理系统共性关键技术的测试验证与应用推广，整合各类测试验证平台成功的建设案例，结合各合作单位与电子标准院的相关资源，形成了包含资源层、工具层、应用层三个功能部分。平台功能架构图如图 3 所示。

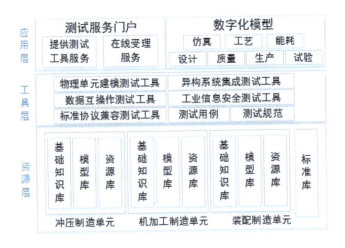

图 3 平台功能架构图

资源层主要由基于制造单元的基础知识库、模型库、资源库及五项技术标准库构成，在整个平台中起到基础支撑作用；工具层主要由针对物理单元建模、数据互操作、标准协议兼容、异构系统集成、工业信息安全等方面的共性关键技术测试工具和测试用例构成，是形成有效检测能力的核心所在，也是检测技术水平高低的直观体现；应用层由测试环境和对外服务能力组成，测试环境层由面向智能制造中的设计、仿真、工艺、试验、质量、生产、能耗等环节搭建的系统数字化模型构成，主要为相关标准、测试工具、测试用例提供验证的环境与保障，为信息物理系统的共性关键技术提供有效测试与验证。基于以上部分的有效衔接，最终形成对外业务服务能力，通过提供测试服务实现了对信息物理系统共性关键技术的应用与推广。效果图如图4所示。

图 4 效果图

（二）实施步骤

1. 实施与建设

通过本平台的实施，建成信息物理系统测试验证平台，通过标准化的测试方法、系统化和模型化的测试过程，对共性关键技术开展测试验证，并对外提供服务；通过系统数字化模型、测试工具和用例的研发，共性关键技术测试验证能力显著提升；通过知识库、模型库、资源库、标准库的构建，使知识与经验沉淀，持续优化完善测试验证服务；通过服务门户的建设，使共性技术与测试技术能够得到有效推广和应用；通过在机械行业、汽车行业、航空行业开展应用，为其他行业起到示范作用。

2. 测试验证推广服务

通过对外提供测试验证工具及测试验证服务为用户提供物理单元建模、数据互操作、标准协议兼容、异构系统集成等方面的信息物理系统测试验证服务。本案例最终将建成 CPS 共性关键技术测试验证平台，同时开发针对 CPS 共性关键技术的测试验证工具集及测试用例。通过建立统一的门户网站，为企业提供针对物理单元建模、数据互操作、标准协议兼容、异构系统集成等 CPS 共性关键技术的测试验证申请、下单、管理等多项服务，以及测试验证工具集的借用服务，切实支撑企业 CPS 发展，使得企业在发展 CPS 方面有据可依，为企业 CPS 发展提供重要的基础保证。

3. 测试规范标准推广

通过形成测试规范标准，并宣传推广为各方提供 CPS 共性关键技术的通用测试规范手段，提升整个行业的测试能力。本案例通过对物理单元建模、数据互操作、标准协议兼容、异构系统集成、工业信息安全等方面共性关键技术的识别与测试验证工具的研究，将研究结果逐步固化形成共性关键技术标准文件，以及针对测试验证工具集的测试规范标准。对 CPS 共性关键技术及测试验证规范标准化的建立，将会大幅度降低技术和行业门槛，有助于企业发展 CPS，避免在 CPS 发展上的盲目投入。

4. CPS 技术应用推广

通过对 CPS 技术应用的推广，统一行业共识，推动产业技术体系提升。通过平台的建设能够推动 CPS 共性关键技术的应用普及，同时随着测试验证的广泛深入，平台知识库、模型库、资源库、标准库不断完善，加强了平台测试验证的能力，进而能够为企业提供更深入的测试验证服务。此外，对于充分发挥测试操作人员在 CPS 发展建设上的技术和业务经验，并结合企业现有设备的特点和型号，发展 CPS 的实际需求情况，以及通过技术标准帮助客户梳理 CPS 共性关键技术，能够为企业提供具有行业特色、高效经济的 CPS 发展建设整体解决方案，并提供技术咨询、设备选配、市场调研等服务。客户可以根据参考意见进行产品选型对比、性能测试，为企业发展 CPS 提供咨询指导服务。

四、应用效果

本案例建设形成了信息物理系统共性关键技术测试验证平台，通过标准化的测试方法、系统化和模型化的测试过程，对信息物理系统的物理单元建模、数据互操作、标准协议兼容、异构系统集成、工业信息安全这五方面共性技术进行测试和推广，能够不断提升信息物理系统测试验证方面的能力。

随着信息物理系统共性关键技术测试验证平台的应用和推广，将积累大量基础知识库、模型库、资源库、标准库、解决方案，可以加速信息物理系统成果的转化和推广，促进整个产业链的构建与完善，推动行业的发展，将对中国信息物理系统的发展带来明显的社会效益。

测试验证平台建设与应用推广可有效促进产业发展。通过对信息物理系统共性关键技术的测试验证，有效保障和验证关键共性技术的可靠性、有效性和安全性；测试验证平台作为信息物理系统产业生态的一部分，有利于国内企业提升自主创新能力，提高产品质量，增强国际竞争能力，为国内产品进入国际市场开辟道路；有利于推动信息物理系统相关标准的贯彻和实施，推进中国信息物理系统示范应用的有序进行和有效实施，推动信息物理系统产业规范、有序、健康发展；同时通过重点标准研制能够有效地推动共性关键技术的落地，对技术要求的关键环节和要素进行固化，切实帮助企业理解 CPS 的内涵，促进 CPS 行业应用和推广；还可以推动信息物理系统从咨询、设计、建设和实施等各方面的能力提升及市场应用，整体上带动了整个产业链的发展。

五、推广 CPS 测试

测试验证平台建设与应用推广可有效加快信息物理系统在行业内的应用推广。通过对信息物理系统共性关键技术的测试验证，有效保障和验证关键共性技术的可靠性、有效性和安全性；同时通过重点标准研制能够有效地推动共性关键技术的落地，对技术要求的关键环节和要素进行固化，切实帮助企业理解 CPS 的内涵，促进 CPS 行业应用和推广。行业应用推广是牵引信息物理系统相关技术应用测试和标准体系建立的有效手段，而目前国内仍缺乏相应的渠道和方法。以信息物理系统核心组件为对象，建立通用性和专业性相结合的测试验证平台，有利于加速信息物理系统关键软、硬件技术的应用和产业化。

制造升级篇

制造企业是 CPS 应用的核心主体。随着客户个性化需求的增加，交货期要求越来越短，低能耗高资源利用率要求越来越高，倒逼制造业要利用新一代信息技术进行转型升级。CPS 集成了"一软""一硬""一网""一平台"等技术，是解决制造的升级与变革瓶颈问题的有效手段。为了让读者了解 CPS 在企业制造过程中具体的应用价值与场景，也为同行业构建 CPS 提供借鉴与参考，特编制"制造升级篇"。

本篇共收录 16 个制造企业的 CPS 应用实践，从企业实际应用的价值角度，提炼了设备管理、柔性生产、质量管控、运行维护、供应链协同等各类制造场景的典型应用案例。希望本篇能为读者充分展示 CPS 的应用价值，提炼具有示范意义的实施经验，推动更多的制造企业应用 CPS 开展技术、管理与商业模式变革提供指导。

案例 13　海尔模具在设备管理领域的 CPS 应用

摘要

> CPS 以提高设备利用率为目的，在设备互连互通的基础上，充分融入 CPS、智能制造、协同制造、精益生产等先进理念，通过信息化手段将车间生产的各环节进行集成管理，优化了生产组织及管理模式，实现人人协同、机机协同、人机协同，并在此基础上实现设备的预测性维护。通过 CPS 对生产设备进行状态感知、实时分析，能预测设备将来可能发生的故障，在一定程度上做到"感知现在，预知未来"。实现了生产过程协同化、少人化、高效化，显著地提升了企业的竞争力。

前言

青岛海尔模具有限公司（简称海尔模具）隶属海尔集团，是中国最大的模具及检具制造商。公司专业提供汽车、家用电器、电子、精密仪器等产品模具，拥有世界先进的加工中心、火花机、线切割等专业设备。企业非常重视数字化、智能化建设，是海尔集团九大"互连工厂"之一。

一、转型升级，势在必行

近些年来，随着竞争加剧及人力成本的快速提升，制造企业面临着非常大的经营压力，同时人口红利的减弱，招工难也成为制约企业发展的瓶颈因素之一，这就导致企业普遍存在着熟练工人难以招到，新员工培养周期长，生产效率与产品质量不高等情况。围绕成本、交货期、客户满意度这些指标带来的压力，需要企业对原有的生产模式进行变革，并对原有的管理系统进行升级。

为响应国家智能制造的号召，顺应智能化转型升级的趋势，打造绿色节能工厂，保证可持续性发展，海尔模具希望从新一轮产业变革的全局出发，基于多年两化融合的实践经验，综合集成硬件、软件、网络、工业云等一系列信息通信和自动控制技术，借助 CPS 技术理念，并结合企业实际，逐渐向"数字化""智能化""知识化"战略转型，即在公司逐步实现自动化、少人化工厂目标，从而支持集团白电产品全球第一竞争力的战略目标。

二、虚实融合，协同生产

为解决上面提到的问题，海尔模具与北京兰光创新科技有限公司共同打造了国内领先的 CPS 系统，分两期实施。

第一期，以设备为主线，实现生产设备的互连互通与生产过程的协同管理，已于 2014 年年初实施完毕。

本期以提高设备利用率为目的，在设备互连互通的基础上，以少人化为关键指标，以人-人、人-机协同为特色，实现了包括数控设备的网络化通信、远程实时状态采集、工业大数据分析与可视化展现等信息系统与物理系统之间的深度融合。首先，通过协同平台对计划、排产、派工、物料、夹具等相关人员进行数字化、网络化、智能化管理，当设备、物料、质量等出现问题时，系统会自动通知相关人员，从而消除了等待时间。在此基础上，基于数据的自动流动，构建了一套信息空间与物理空间之间的状态感知、实时分析、科学决策、精准执行的协同制造体系，实现了计划、排产、派工、生产制造过程中的智能化管理，保证了一个"流"的生产。通过完成以上实施即达成企业生产数字化、网络化、高效化、少人化的目标，明显提升了企业的生产效率与市场竞争力，取得了良好的经济与社会效益。

第二期，2017年下半年启动机床预测性维护项目，实现机床的主动、精准、智能化的维护，为企业搭建无忧的制造环境。

三、实施两步走，优化设备效能

（一）技术方案

1. 整体架构

系统以提升设备生产效率为核心，以 CPS 理念为指导思想，以设备互连互通为基础，以生产过程的协同为主要管理思路，实现生产过程中的可视化、协同化、智能化，并在设备数据采集的基础上对关键设备进行预测性维护，系统架构如图 1 所示。

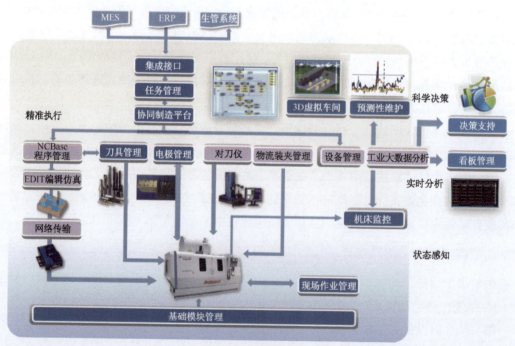

图 1　系统架构

本系统很好地体现了 CPS 的理念，具体如下。

状态感知：通过对设备的数据采集，可以实时地感知机床的状态，包括开关机、故障，以及生产进度等信息。通过协同管理平台，可以及时获知加工程序、物料、刀具、电极、夹具等生产资源的准备状态。因此，通过本系统，可以实现对生产设备、生产资源及相关人员状况的状态感知，为科学管理提供数据基础。

实时分析：CPS 系统会对设备的故障情况、生产资源的准备情况、生产的进度情况等信息进行实时分析处理，并触发相关事件。

科学决策：系统基于各种算法，在对采集数据进行分析的基础上，按照相关触发条件，为相关人员提供各种决策支持。比如，当出现生产资源准备不及时、机床故障、加工工艺参数异常、生产进度延期等情况时，系统均会以短信、报表等不同形式为不同角色提供及时的决策依据。

精准执行：一方面，系统会触发相关的事件，如程序的自动传输、程序的自动格式转换、机床的故障提前预警等，系统通过自动的精准执行完成相关工作，实现高效、精准的执行。另一方面，借助系统中的数据、信息、智能化的决策支持报表等形式，相关人员会及时而精准地处理，比如，及时处理机床故障，及时干预各种异常操作，及时进行生产准备的就绪等，实现生产过程的虚实融合、人机结合、精准执行。

2．核心技术点

1）生产设备互连互通，物理设备融入赛博空间。

对 130 多台数控设备进行了联网、采集、分析与展现，兼容 Fanuc、西门子等十多种控制系统，实现了加工程序、刀具数据、机床状态、生产进度等数据在服务器、网络、机床、对刀仪等之间的流动。包括加工程序从信息系统到设备，设备状态、故障信息、加工件数等设备的信息到信息化系统的双向流动。设备的状态、故障等信息在信息系统、看板系统上进行实时的展现，实现了物理世界在赛博世界的精准映射。

2）信息系统的互连互通，构建生产过程的协同管理。

通过与上游的 MES、生产管理系统进行集成，以及计划、协同、传输、程序管理、刀具管理、对刀仪管理、决策支持等多模块之间的信息流动，以信息化为手段，以设备为中心，以数据流动为驱动，实现了计划人员、工程师、操作工、库房人员、设备维修人员、生产管理者等不同角色人员之间的协同，如图 2 所示。

3）数据有序流动，实现科学化管理。

通过 CPS，对整个生产过程进行智能化管控，实现了状态感知（设备状态、生产计划执行状态、质量状态、物料状态等）、实时分析（基于各种状况对数据进行处理、分析）、自主决策（生成各种可以指导生产的信息、指令、报表等）、精准执行（数控设备进行精准加工，相关人员按照系统指令进行及时、精确的协作与执行）等物理世界与信息化赛博世界的深度融合。

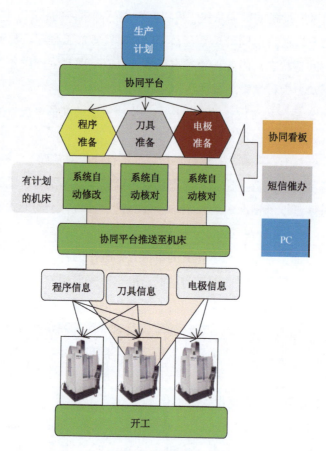

图 2 协同制造

4）工业大数据分析，感知现在，预知未来。

对数控机床进行全过程实时监测，重点关注对生产有影响的关键部件的磨损及衰退状态，基于采集到的机床运行参数、故障点、振动等数据，通过大数据的推演和模型运算，既能实时感知当前的设备状态，也能预测设备将来的故障趋势，能够在设备临近发生重大故障前，给企业的设备维护部门发出及时的提醒信息，防止和杜绝设备发生重大故障，从而给企业减少运维成本和生产成本。

3．功能描述

本 CPS 系统核心功能如下。

1）泛在链接，异构集成。

通过互连互通，实现所有数控设备的联网与远程通信等功能。包括不同的接口形式和不同的控制系统，如 Siemens、Heidenhain 等上百种控制系统。

2）数据驱动，协同生产。

将 MES、生产管理系统的计划信息与 CPS 进行集成，通过导入或者自动读取方式获取机床的加工计划，以数据有序流动、协同生产为原则，向程序管理、刀具管理、协同平台等模块发送计划信息。

3）软件定义，虚实映射。

数控加工程序是驱动机床加工的指令。程序管理模块接收到机床的生产计划后，编程员将 CAM 编制的 NC 程序批量导入，在软件虚拟环境中对数控程序进行快速仿真，检查程序错误，预测加工时间，并实现程序的智能比较功能，避免在真实加工中因程序错误出现废品等情况的发生。程序经验证正确后，通过 DNC 下发到相应机床中。

4）虚实融合，数据流动。

刀具从库房借出后，由配刀工对刀仪测量刀具参数。所测量刀具数据通过对刀仪联网模块直接传输到机床中作为刀补数据，无须人工录入刀具参数。

5）状态感知，实时监控。

设备状态通过 MDC 进行远程监控，实现设备数据自动采集与远程监控。

6）实时分析，科学决策。

对各类数据进行深入挖掘、分析，为企业提供各种分析报表，可方便、直观地显示各种数据及趋势，准确了解生产过程、生产设备的实时状态及存在的问题，便于企业进行科学的管理。

7）系统自治，预知未来。

通过设备预测性维护，能够提前预测设备故障发展趋势，可提前为企业的设备维护部门发出及时的提醒信息，防止和杜绝设备发生重大故障，从而为企业实现一个无忧的生产管理模式。

（二）实施步骤

根据实际情况，本着"总体规划，分步实施""效益驱动、急用先建"的原则，CPS 系统的建设分为两期。

1. 一期工程：实现设备互连互通与生产协同管理

以数控机床为中心，实现设备的互连互通，并与信息化系统进行深度融合，同时也充分体现出协同制造、准时生产的理念，以提高数控设备的利用率为目的，重点关注数控设备加工零件之前相关准备环节的效率和节拍，通过透明化、目视化的协同看板，快速定位生产准备过程中的异常、计划执行的滞后情况，判断加工计划条件满足时，系统可以自动将加工程序、工艺文档、刀具清单信息发送到工位，明显提高企业的生产效率。

2. 二期工程：实现设备预测性维护

在一期成功实施的基础上，针对重要设备的关键部位，外加少量传感器和数采硬件，通过对数控设备的性能衰退过程进行数据采集、预测和评估，实现数字化设备的关键部位在临近故障点前，系统主动监测、主动预警、主动提出维护保养请求，避免设备发生关键部位损坏和故障长时间停机，减少设备故障导致的经济损失，从设备完好率上保证生产计划顺利执行。

四、实施效果

通过实施 CPS，企业在经济与社会效益方面取得明显的提升。

（一）实现了信息系统与生产设备的深度融合

本系统将海尔模具所有的数控设备全部连入了 DNC 网络，设备由以前的信息化孤岛变为了信息化节点，所有加工程序实现了安全的集中管理、严格的流程审批、高效的自动传输、可靠的虚拟仿真，并对设备进行了 24 小时全天候的状态实时监控，包括设备开关机、故障信息、生产件数、机床进给倍率等信息均可在第一时间及时获知，有效地减少了信息不透明导致的沟通延时，实现了生产过程中的生产准备情况、程序信息、机床状态、异常情况、生产进度等各类信息最大程度的共享，并对其进行实时化、透明化、精益化的管理。

（二）以设备为中心，以协同生产为主线，实现了多部门的协作管理

将产品加工由传统的串行作业优化为并行作业，生产管理、CAD/CAM、工艺、计划、班组、质量、设备各部分紧紧围绕产品制造这一核心目标，全面实现了数字化的并行管理，最大限度地减少了等待时间，明显地提升了生产效率。系统支持手机短信、邮件自动发送、客户端登录提示等交互方式，使班组长、操作工、设备维修组、电极准备室、刀具室的响应速度提高 30% 以上。

（三）实现了基于大数据分析的决策支持

系统实施后，企业管理者可在办公室实时、直观地查看到产品加工计划的准备情况、工序状态、在制品信息、任务生产进度、生产过程中设备的详细运行参数等信息，并通过系统的大数据分析功能，从海量数据中提取、分析各种图形与报表，使得设备的各种数据、运行趋势、异常情况等一目了然。管理者的决策建立在真实、量化、透明、智能分析的基础上，从而可以很好地实现生产过程的科学管理。

（四）经济效益明显

1）模具加工准备平均时间从 1 小时缩短到 0.5 小时，缩短了 50% 的生产准备时间。

2）编程部、计划科、各个线体实现了 90% 以上的信息共享，缩短了 50% 的沟通时间。

3）实施系统后，操作工 1 人可以操作 5 台设备，用工数量减少 25% 以上。

4）实现了 100% 的程序自动传输，设备有效利用率（OEE）平均达到 75%。OEE 已经远超国内企业 40% 的平均水平，也高于欧美发达国家 70% 的标准，逼近日本企业 80% 的最

高水准。

5）通过对关键部件的预测性维护，关键部件的意外故障率降低 80%，设备总意外维修时间降低 50%，维修成本降低 30%。

五、推广意义

本方案具有很强的代表性与推广性。海尔模具以前存在的生产效率较低、对人依赖度高等问题也是很多模具加工行业，乃至离散制造业中普遍存在的现象。通过本案例将形成解决方案。

如何以 CPS 理念为指导，通过自动化、数字化、网络化、智能化建设，在生产设备互连互通基础上，实现生产设备的网络化、透明化管理；如何以信息化系统为纽带，通过协同管理等组织模式的创新，实现设备利用率的明显提升是本案例价值所在；如何通过预测性维护，减少设备故障对生产的影响等，对其他企业都有很好的参考价值。通过推广本项目的相关经验，可以有效地帮助广大制造企业在激烈的竞争中，高效、高质、快速地响应市场，满足客户的需求，提升企业竞争力，有力地促进企业的智能化转型升级。

案例14　剑桥科技在电子产品生产领域的 CPS 应用

摘要

> 本案例是在电子产品行业面临产业转型升级，适应动态多变的市场需求的外在环境下，融合产线设备改造、设备采集集成、工业软件集成、大数据分析及雾计算应用技术等 SoS 级 CPS 的应用探索，实现了互连互通一体化、智能管控透明化、全生命周期统一化、决策分析科学化的企业智能化、信息化的精益生产平台。既能满足客户高标准的质量要求，又能快速响应客户的定制化产品需求，并且为剑桥科技的生产管控和智能制造奠定了统一的数据基础，促使剑桥科技的生产制造迈上了新的台阶，树立了电子产品行业 CPS 应用的标杆。

前言

上海剑桥科技股份有限公司（简称剑桥科技）是以高端通信电子设备研发制造为核心的高新技术企业。剑桥科技的 CPS 应用探索实践从全局出发，由上而下进行顶层规划设计，通过 SoS 级 CPS 的应用探索，自下而上打造了具备互连互通一体化、智能管控透明化、全生命周期统一化、决策分析科学化的"四化"平台，形成以 CPS 为代表的信息技术与虚拟仿真技术、制造技术、管理技术等的融合技术创新。

一、应对电子产业转型升级，适应动态多变的市场需求

电子产业规模不断壮大、行业增速保持领先，带来新的发展机遇的同时，也面临着转型升级的关键期：一方面，面对电子产品行业终端产品日趋个性化和定制化的复杂需求，既有大批量标准化生产需求，又有小批量多品种的特殊需求，这就对传统的人工+流水线生产提出严峻的挑战；另一方面，电信运营商、企业、家庭等三大方面客户对产品质量要求的日益提升，需要基于工业互联网实现产品质量预防控制和全闭环质量跟踪，全面提高产品质量，提高用户满意度。在激烈的市场竞争中，在中国制造业转型升级和"互联网+"发展战略的驱动下，剑桥科技要保持行业内的领先优势，势必从研发、管理、生产、服务等方面进行变革，结合 CPS 向智能制造和精益生产的方向迈进。

二、融合技术创新，打造"四化平台"

剑桥科技的 CPS 应用探索实践从全局出发，使用 CPS 进行智能车间顶层规划设计，构建基于仿真技术的虚拟制造环境进行验证与优化。应用 CPS 总线实现生产制造相关数据的集成，打通异构设备、异构系统之间的一体化的数据通道。应用大数据分析和数据可视化技术，为企业提供了科学的决策依据。构建基于 CPS 的智能装备/生产线与智能管控系统集

成的安全可控的支撑环境，实现设计、工艺、制造、运营全流程贯通的透明化智能管控，实现物理空间与信息空间的相互协调、交互、动态控制。以 CPS 为核心，高效协同与集成设计、工艺、制造、检验、物流等制造过程各环节之间，以及与制造执行系统（MES）和企业资源计划系统（ERP）之间，建立全生命周期产品信息统一平台。大数据平台的应用促使这些数据统一管理和相互融合，为企业运营提供数据支撑服务，自下而上打造了具备互连互通一体化、智能管控透明化、全生命周期统一化、决策分析科学化的"四化"平台，为企业推行精益生产奠定了坚实的基础。

三、理论探索+应用实践，规划建设两手抓

（一）技术方案

1. 整体架构

剑桥科技 CPS 项目基于工业网络，打造以 CPS 为核心的顶层规划设计，统一企业的信息化平台，实现了先进传感、控制、检测、装备、物流及智能化工艺装备与生产管理软件的高度集成。剑桥科技 CPS 项目整体架构图如图 1 所示。

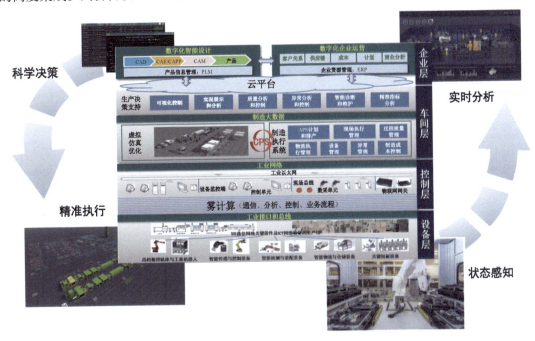

图 1　剑桥科技 CPS 项目整体架构图

2. 核心技术点

1) 使用现场管控平台实现物理空间和信息空间之间的虚实融合，以虚控实。

CPS 把人（移动终端、穿戴设备等）、机（生产线、设备、机器人等）、物（智能产品、滑橇、仓储、AGV 等）互联，实体与虚拟对象双向连接，如图 2 所示。

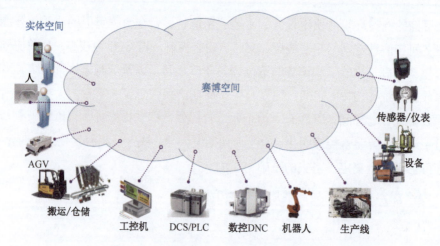

图 2　物理空间和信息空间之间的虚实融合

信息空间是物理实体的虚拟的数字化映射对象，通过现场管控平台 VPS（Virtual Production System）实现虚实双向动态连接，实现"以虚控实""虚实融合"。

CPS 借助 MQX（Message Queue extended）数据总线，可以控制现场的生产设备，现场的生产设备也可以通过 MQX 总线把采集到的信息发给 CPS，CPS 再同步或者异步调用计算程序做相应的分析处理，如图 3 所示。

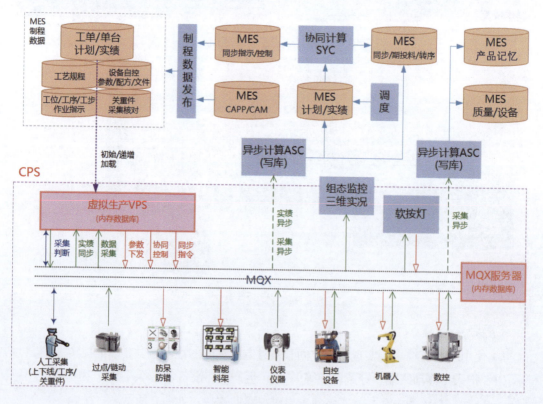

图 3　现场管控平台 VPS

138 / 信息物理系统（CPS）典型应用案例集

2）从制造、价值链、产品信息流三个维度整体规划 CPS，实现系统衔接和数据交互。

从制造这条主线出发，沿生产制造纵向展开视角，从销售预测和销售订单，计划工单到生产工单，再到订单执行的组织过程、生产实绩采集，最终到报工，形成真正的工业大数据，整体流程如图 4 所示。

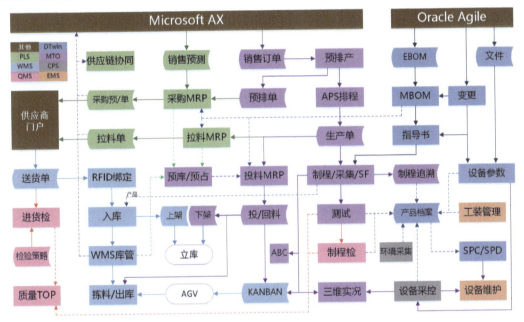

图 4　剑桥 CPS 项目总体流程图

3）通过现场总线的方式将信息空间内生产线、设备、人、系统等数据集成在一起。

电子生产制造工厂/生产车间中，用途广泛、型号各异的设备如 SMT 贴片机、印刷机、AOI、SPI、仪表/传感器、专口设备、边缘物联、工控/IT 系统等，都可以通过 CPS 总线实现数据集成和设备联网，如图 5 所示。

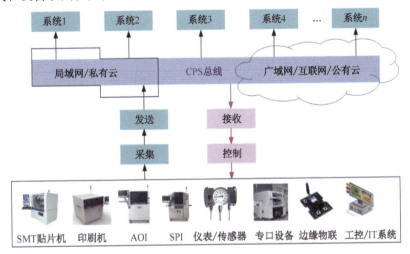

图 5　通过 CPS 总线实现数据集成和设备联网

4）雾计算技术应用。

雾计算将数据、数据处理和应用程序集中在网络边缘的设备中，数据的存储及处理更依赖本地设备，而非服务器。雾计算是新一代的分布式计算，在不同设备之间组成数据传输带，可以有效地减少网络流量和数据中心的计算负荷，满足数据实时型和延时敏感的需求，如图6所示。

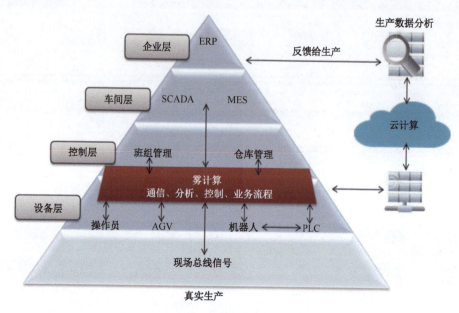

图6　雾计算示意图

3．功能描述

1）设备联网和采集控制。

a. 对贴片机、印刷机、AOI、SPI、立库、AGV、ESD、环境、按灯等设备实现联网。

b. 采集生产设备、检测设备、物流仓储、环境系统、电量等数据信息，通过CPS总线传送给相应的系统。

c. 设备采集的数据信息以组态监控和三维实况的方式进行可视化展示。

d. 对贴片机、AOI、插件机、立库、AGV下发控制指令。

设备物联采集控图如图7所示。

2）3D生产车间仿真（如图8所示）。

a. 数据和知识驱动下的车间总体设计。

b. 数字化车间布局3D仿真建模与分析，建立初步的数字孪生体。

c. 数字化车间漫游与交互式体验。

d. 动态的数据收集和呈现，实时发现和解决生产中的异常和可改善点。

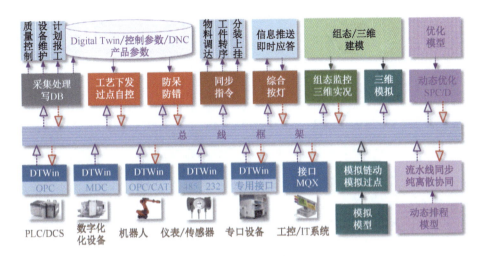

图7 设备物联采集控图

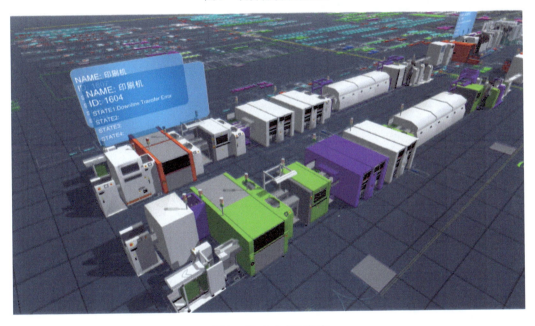

图8 3D生产车间仿真

3）大数据分析及信息看板。

基于云计算技术的大数据分析包括产品全周期追溯、生产状态统计与分析、生产过程工艺参数分析优化、质量数据统计与分析、设备状态统计与分析、人员作业统计与分析。大数据分析及信息看板如图9所示。

4）工业软件集成。

建立工厂内部CPS互连互通网络架构，实现设计、工艺、制造、检验、物流等制造过程各环节之间，以及与制造执行系统（MES）和企业资源计划系统（ERP）之间的高效协同与集成，建立全生命周期产品信息统一平台，软件集成架构如图10所示。

图9 大数据分析及信息看板

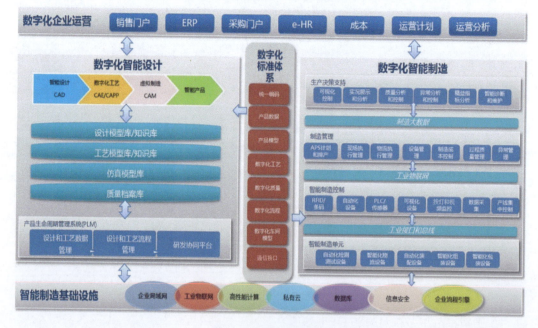

图10 软件集成架构

异构系统之间实现数据交互共享，消除系统间重复维护数据，保持数据一致性的不增值工作，实现了数字化智能设计与制造的有机结合，生产制造迈向精益生产。

（二）标准化需求

电子行业用到的生产设备类型多，如贴片机、印刷机、回流焊、波峰焊、AOI、SPI、分板机、插件机等，设备制造企业数量众多，软件系统供应商各异，目前设备接口方式、软件接口方法由各企业根据自身情况自行开发，千差万别。因此，面向电子生产企业的CPS

数据交换的方式和格式的标准就显得尤为重要。例如《面向电子生产制造领域的 CPS 数据交换标准》，有了统一的数据交换标准，将解决各企业各自为政、无法形成合力的问题，也方便将 CPS 的先进理念和方法及时共享、推广复制，促使电子行业在制造上快速发展。

（三）实施步骤

由北京元工国际科技股份有限公司与剑桥科技共同组建 CPS 专项项目组，充分分析生产过程中的痛点和需求，着力解决产线设备的运行监控、多种类生产设备的数据采集、分析、决策和执行的困境，以精益生产为最终目标，系统实施分为以下几个阶段。

1. 产线设备改造阶段

针对剑桥科技的产线设备进行定制改造，加大自研设备投入，对自研设备及集成设备做初步模块集成，实现 CPS 的自动感知。

2. 设备采集及集成阶段

使用 CPS 总线对设备采集信息进行集成，通过总线传输协议，集成不同设备、不同厂家、不同控制系统的设备和系统，确保数据的完整性和实时性，为精益生产打造数据基础。

3. 工业软件集成阶段

建立工厂内部 CPS 互连互通网络架构，实现设计、工艺、制造、检验、物流等制造过程各环节之间，以及与制造执行系统（MES）和企业资源计划系统（ERP）的高效协同与集成，建立全生命周期产品信息统一平台。

4. 大数据分析集成阶段

进行平台选型，确定大数据平台技术构图、物理部署架构，建立数据标准，实现数据规范化和共享，打通生产数据和经营数据，通过机器学习、人工智能等技术对数据进行深度分析和挖掘，减少停工时间，提高产能。

5. 整体优化提升

提升工业大数据业务分析中的优化运营，引入雾计算应用，优化采集性能和时效性等。

四、应用效果

剑桥科技从 2015 年下半年开始大力度推进精益生产，大规模投入工业自动化和工业信息化，全面按照工业 4.0 理念和模式重新布局，加快智能制造的步伐。

CPS 解决方案实施后取得了显著效果。

（一）实现了生产数据可视化、生产管理透明化，搭建实时、全面的生产监控体系。通过对人机料法环测各个方面的数据收集，将隐性的生产制造过程数据变为可见的显性数据。设备运行状态及时间、人员工作效率、物料配送情况、测试结果等都清晰可见。

（二）解决了多渠道、多样式的数据统一问题，消除了信息孤岛。通过 CPS 总线实现了跨车间、跨系统的有效数据交互，避免在操作复杂、种类繁多的信息系统中重复操作。同一数据来源唯一，并确保一致，各个系统中存储的产品相关数据汇集到统一平台，提升工作效率，减少人为差错，保证了数据的关联性和完整性。截至 2016 年 6 月，产线换线时间由 45 分钟降至 18 分钟，每人每天的人均产出由 34.5 台提升至 48.9 台。

（三）建立了可视的数字化工厂，数据信息一目了然，方便生产管理人员及时发现问题。采用先进的雾计算技术完成边缘计算，满足数据实时型和延时敏感的需求，将显性数据转化为直观的图表、信息看板、3D 仿真模拟等可视化信息。信息获取时间大幅降低，由 2015 年 6 月的 120 分钟降至 2016 年 6 月的 5 分钟。

（四）建立了与物理空间相对应的虚拟信息空间，以虚控实，虚实融合。人和设备实体可以与生产相关的软件系统交互，相互协同，真正地实现了廉价个性化制造，具有充分的柔性和敏捷性，能够适应定制化生产对计划、协同、物流等的要求。同时，实现了对设备监控，排除设备异常信息等，设备可以自主控制、自主适应，极大地提升了效率，降低了成本，实现少人化工厂。2016 年，剑桥科技月均用工人数相对于 2015 年降低了 25%。

（五）系统旨在追求精益求精和不断改善，生产均衡化、同步化，使剑桥科技的生产制造更适合多品种小批量生产，尤其是配置化/订单化/定制化的生产，以最优品质、最低成本和最高效率对市场需求做出最迅速的响应。

五、推广意义

剑桥科技的 CPS 应用，开启了电子行业 CPS 的应用模式和实施方法的探索之路。基于 CPS 构建了企业智能化、信息化的平台，取得了良好的实施效果，既能满足客户高标准的质量要求，又能快速响应客户的定制化产品需求的生产，并且为剑桥科技的生产管控和智能制造奠定了统一的数据基础，促使剑桥科技的生产制造迈上了新的台阶。作为电子行业龙头企业，剑桥科技为 CPS 的应用树立了标杆，已然走在电子产品生产领域的前列，为电子行业 CPS 的推广应用起到了良好的带头作用和示范效果。

案例15　东风装备在高效装备制造领域的 CPS 应用

摘要

> 为提升东风汽车有限公司装备公司（简称东风装备）从"横向+纵向"集成的柔性制造管理能力，本方案根据东风装备统一部署，构建基于集团管控的统一生产排程计划和制造执行系统，为东风装备提供统一的数据采集、数据共享、数据分析平台，提高东风装备各业务数据的准确性、及时性和透明性，促进业务数据的有序共享和充分利用。通过采用"一硬"（感知和自动控制）、"一软"（工业软件）、"一网"（工业网络）这一闭环赋能体系构成系统级 CPS，实现了数字化车间的数字孪生建模，为东风装备管理层提供了及时、准确的决策依据。

前言

东风装备是东风汽车有限公司旗下的一家专业负责汽车装备制造的全资公司。公司下属三个专业生产厂和一个子公司：通用铸锻厂、设备制造厂、刃量具厂、东风模具冲压技术有限公司（简称冲模公司），迄今已有四十多年的发展历史。

东风装备智能制造系统是基于系统级 CPS 设计和实施，基于数据自动流动的底层设备的状态感知、数据上传的实时分析、灵活建模的科学决策、指令下达的精准执行形成闭环赋能体系，解决生产制造环节中的计划管理、物料协同、设备监控，以及应用服务过程中的复杂性和不确定性问题，实现质量追溯过程透明化，杜绝生产黑洞的发生，提高资源配置效率，实现资源优化。

一、杜绝制造黑洞，打造透明工厂

易往信息技术有限公司协同东风装备一起，在其旗下的通用铸锻厂、设备制造厂、刃量具厂、模冲公司中，实施了计划排程系统（APS）、制造执行系统（MES）项目，并与东风装备的企业资源管理系统（ERP）、设备数据采集系统（EDS）等进行了异构系统的集成。使用先进的感知、计算、通信、控制等信息技术和自动控制技术，构建了信息空间与物理空间中的人、机、物、环境、信息等要素的相互映射、适时交互、高效协同的复杂 CPS，为东风装备打造了集团级的目视化管理工具，实现了车间生产透明化，便于企业对过程作业绩效进行有依据的衡量和改进。

二、以数字化为核心，为装备制造（汽车零部件）保驾护航

东风装备为了实现系统级 CPS，实施了 APS/MES 等项目，该案例的创新性、先进性主要体现在以下三个方面。

1）通过采用智能数据采集盒子等技术，实现 CPS 的状态感知功能，系统通过工业以

太网与车间底层设备自动化通信，自动记录各个设备的故障状况、停机状况和检定周期，为维修部门提供预防性维修计划，减少设备停机时间，保证产品质量，实现了车间设备层面的透明化管理。

2）通过 SCADA 监控平台控制系统及高级排产算法，实现了定时按单柔性生产，自动下达与分解任务，实现了多类型、多种配置的同时排产和共线生产，减少人工操作参与和失误，使全厂具有柔性化生产制造的功能，大幅度提高了生产效率，是对 CPS 实时分析和科学决策的良好诠释。

3）该方案也使中、高层管理人员从过去听人工汇报为主，到能够实时在线了解各产线生产状态，从而迅速、准确地做出决策。APS/MES 与 ERP、产品数据管理（PDM）等异构系统实现了数据共享与物理连接，实现了规划、生产、后勤保障和资金流的协调一致，使企业的业务流程更高效，在更高的全局层级上实现了 CPS 的科学决策功能。

三、建设 FlexEngine 平台套件，引领装备制造转型升级

（一）技术方案

1. 整体架构

本方案实施的计划排程系统（APS）和制造执行系统（MES）是 CPS 核心环节"实时分析"的基石，其与东风装备原有的企业资源管理系统（ERP）、设备数据采集系统（EDS）等进行了集成，共同构成了东风装备"数字装备"系统项目群，是 CPS "科学决策"环节的大脑，而 RFID、PLC、Andon、各种自动化设备接口等是 CPS "状态感知"的技术基础，也是精准执行信息、上传下达的核心通道，数控机床、自动分拣机等设备对科学的决策指令进行精准执行。各系统业务范围与数据交换如图 1（东风装备 CPS 整体架构图）所示。

"柔性"是相对于"刚性"而言的，传统的"刚性"自动化生产线主要实现单一品种的大批量生产。柔性制造的优点是生产率高，由于所使用的设备是固定的，所以，设备利用率也很高，单件产品的成本低。但是，需要付出昂贵的价格，无法实现大批量的生产，只能加工一个或几个类似的零件。

通过以下维度分析柔性制造系统。

1）设备柔性——当要求生产一系列产品时，机器随产品变化而加工不同零件的难易程度。

2）工艺柔性——以制造一个给定的零件或产品类型的一组能力，可能使用不同的材料。

3）产品柔性——以系统独特的条件来经济和快速地改变生产一组新的零件或产品。

4）作息柔性——指处理故障的能力，并继续制造一组给定的产品类型，使用替代路线。

5）产能柔性——指对系列不同的生产量保持盈利的能力。

6）扩展柔性——指以模块化的方式逐步扩展的潜力。

7）生产柔性——指系统能产生的零件或产品类型的体积。

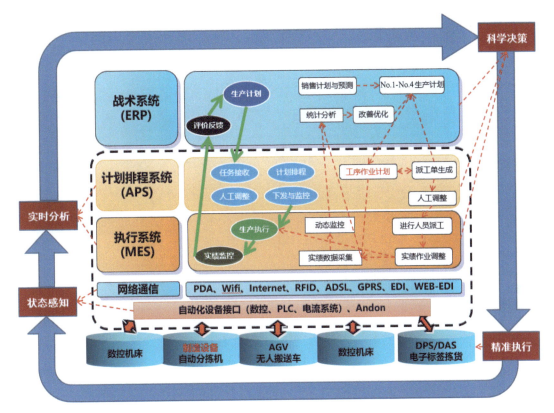

图1 东风装备CPS整体架构图

2. 核心技术点

本方案的设计与实现，体现了系统级CPS的"一硬、一软、一网"的核心技术，现对该项目的核心技术点分述如下。

1）工业网络与系统服务器架构（一网）。

根据业务需求，考虑到系统的扩展性、可靠性，项目组设计的系统服务器架构设计，如图2所示。

架构设计说明如下。

➢ Web服务器两台，虚拟机方式，进行HA集群，提供HTTP服务，负载均衡。

➢ MES应用服务器两台，虚拟机方式，提供MES客户端访问的应用服务，包括PC客户端、移动终端；提供定时任务及对外接口服务。

➢ MES数据库服务器两台，实体机方式，存储MES运行过程中所有生产数据。

➢ APS排产服务器，一厂一台，虚拟机方式，用于排产运算功能。

➢ 数据采集数据库，配置在各厂线边，实体机方式，存储线边实时采集的设备数据。

➢ 所有硬件设备线路为冗余设计，外网防火墙隔离内外网，外网访问均通过此防火墙，有效防止来自外网网络攻击。

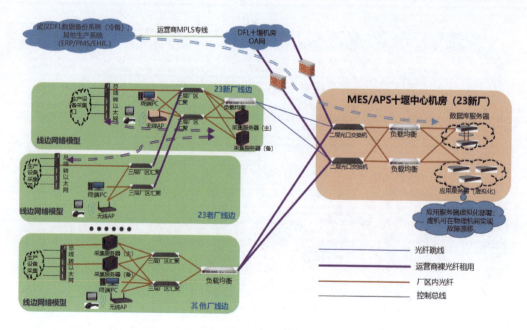

图 2 系统服务器架构

2）工业软件（一软）。

方案中的 APS 和 MES，是柔性制造核心的制造行业工业软件。

东风装备 APS 通过考虑设备、工装、刀具、检具、人员、物料、时间等多方面制约因素，实现了有限产能的工序级、设备级高级生产排程。

生产制造执行系统 MES 连通了设备、原料、订单、排产、配送等主要生产环节和生产资源，实现了企业生产资源的纵向整合。在柔性制造中，MES 系统对单个需求做出生产配送的响应。

3）状态感知及自动控制（一硬）。

数据采集是实现 CPS 状态感知和自动控制的第一步，本项目中的数据采集方案示意图如图 3 所示。

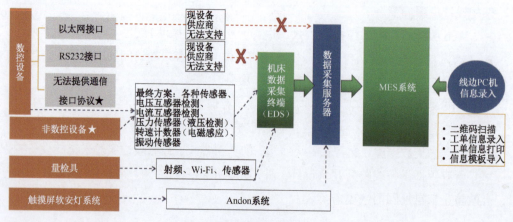

图 3 数据采集

对于设备的数据采集，通过线边 PC 机信息扫描录入、机床数据采集（在设备上加载各类传感器，收集各类信号，通过数据转换程序从而实现设备自动采集数据）、Andon 信息采集，达成相关数据采集。

3. 功能描述

1）整体业务功能架构。

东风装备 CPS 把异构软件（APS、MES、ERP、EDS 等）、异构硬件（PLC、数控机床、PC 等）、异构数据（Andon 音频、数控机床电流、电压、物料计量等）、异构网络（工业以太网、现场总线等）集成了起来，构筑了信息空间与物理空间数据交互的虚实映射闭环通道，其整体业务功能框架如图 4 所示。

2）总体业务功能概要说明如下。

系统功能	功能要求
基础数据	有数据导入、录入、修改、校验、调整功能 有系统数据来源的，通过系统接口交互
车间管理	技术文件中的"技术文件，作业指导书，考勤关联，绩效考核，二次分配，管理制度"
计划管理	高级生产排程，兼顾各个工厂不同的规则
生产管理	根据产品数据和资源情况，分析生产能力，及时发现瓶颈问题，对生产、工序计划进行灵活的调整
设备管理	设备运行状态记录、设备任务管理、状态监控、任务记录查询、OEE 统计查询、Andon 呼叫管理
物料管理	厂内物流根据作业计划、实时情况将工位所需物料从仓库运送到线边以保证生产
工装管理	对现场工装进行监控、维护、分析、统计。可根据 ERP 系统提供的工装使用寿命的最大次数提醒更换。在生产加工时，在工位操作工的电脑上展示需要使用的工装清单（依据使用先后顺序），并给出各种工装的准备状态（已备、缺失、等待），保证生产的正常运行
查询统计	采集车间的生产实时信息，在车间的制定位置通过电视屏幕或者 LED 屏幕显示车间的看板信息
数据采集	通过各种信息化手段实现对考勤、工时、设备、工装、物料、能耗、质量等数据的采集
质量管理	系统要实现质量监控、检测记录、统计、生产批次管理等功能。当发生质量问题，可通过批次反向跟踪产品的制造过程数据信息（物料、工序、加工、检验参数、操作人等），确认质量原因
报表管理	系统能输出业务所需格式的全部报表（报表种类、格式、内容等以业务蓝图设计签署后的版本为准）。 系统可图形化展示数据报表，实现各种报表的自定义设计功能，导出 Excel 等格式
系统管理	包括组织机构管理（含集团多级管理）、用户管理、权限管理、流程管理、数据字典、菜单管理、系统日志、系统设置等功能，其中，组织管理、流程管理等还应具备版本控制管理功能

3）特色功能。

a. 高级生产排程功能。

东风装备 CPS 中的高级生产排程（APS）功能，作为科学决策支持系统，主要承担了数据的实时分析，以及生产相关决策制定任务，侧重点在生产排程计划。APS 的目标就是追求生产计划在考虑各种订单制约、物料制约、工艺制约、能力制约、生产实绩制约等多种制约因素之下的可执行性，实现需求和产能的优化平衡。东风装备生产计划包含预测生产方式、库存生产方式、订单+库存生产方式、按单生产方式、同期化生产等生产方式，各

制造升级篇 149

种生产方式都通过智能排程系统分解到具体的生产线和工位，并进行工序的跟踪，同时兼顾生产过程中的数据采集、人员管控、物料管理。排产考虑因素图如图 5 所示。

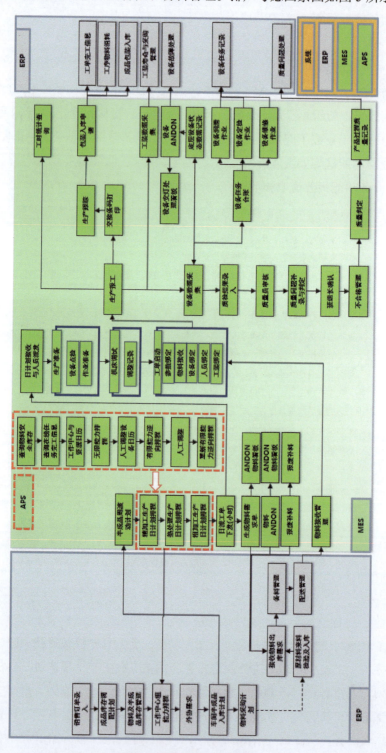

图 4 整体业务功能框架

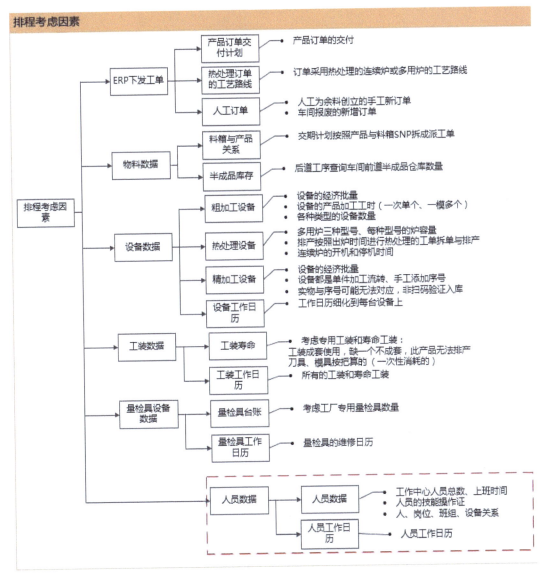

图 5　排产考虑因素图

APS 与 ERP 系统集成，利用 MRP 与 APS 算法的特点，分别计算月需求、周需求、日需求和产线生产计划。多层级计划体系如图 6 所示。

运用自动排产算法和图型化作业界面，辅助人员制定多品种柔性化生产。计划管理系统如图 7 所示。

b. 全过程批次条码追溯。

东风装备 CPS 案例中的机床数据采集终端 EDS、各种感应器、条码等技术，感知获取了物料加工处理全过程的状态数据，为建立一个完整的物料加工处理信息追溯链提供了基础技术保障。加工信息追溯链如图 8 所示。

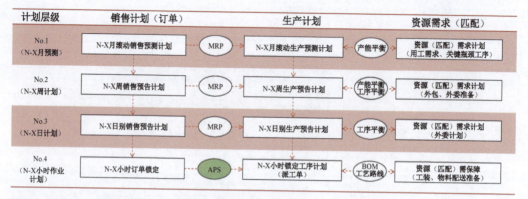

- 构建以订单确定生产的No.1～No.4→小时级作业计划的多层级计划体系。（离散型&流水线型）
- 业务方定义不同时间的计划内容，No.1～No.4下达时间及业务内容

图6 多层级计划体系

☐ **计划管理：**

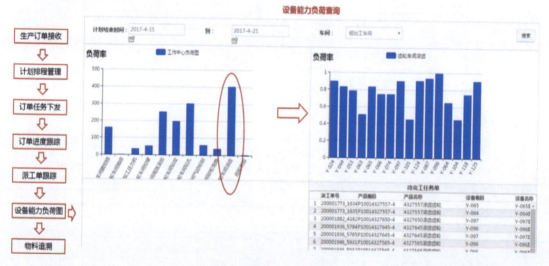

图7 计划管理系统

从原材料条码到生产过程条码，最终转为产品包装条码、全程条码管控，为生产材料校验、生产数据采集和品质管控提供数据载体，实现了物料全过程、正反向追溯能力。全程条码管控如图9所示。

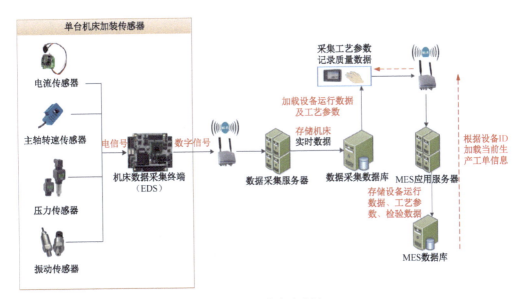

图 8 加工信息追溯链

图 9 全程条码管控

制造升级篇 153

（二）标准化需求

1. 数据采集

采用数据采集盒子进行设备工艺数据采集，实时监控设备运行参数，进行异构系统之间的数据上传和下发。

2. 质量追溯

对零件的单件追溯和批次追溯，实现机械加工件与设备工艺数据的实时追溯，批次防错，设备质量追溯，质量分析和预警处理。

3. 计划排产

对多品种、小批量的生产方式，离散型、流程型、项目型多种混合生产模式采用通用化的技术实现。

（三）实施步骤

东风装备计划用三年的时间来打造 CPS，采用了"总体规划、分步实施"的策略来保证整体实施效果。

第一阶段：从 2016 年 1 月到 2017 年初，在东风刃量具厂齿轮线实施了 APS/MES 项目，实现了齿轮线设备的互连互通，生产过程的监控，达成了合理管理和调度各种生产资源，优化生产计划，达到了资源和制造协同，实现了"制造"到"智造"的升级。

第二阶段：于 2017 年在东风通用铸锻厂有色铸造线、冲焊线、成都模冲公司实施了 APS/MES 项目，在这两地多条产线实现了状态、数据、信息的互连互通，以及生产制造过程的实时分析和科学决策。同时，汽车零件线、机床线也已于 2017 年启动了项目推广工作。

第三阶段：从 2018 年开始，把前两个阶段的成功经验在东风模冲武汉公司和十堰模具工厂进行复制。

四、为东风装备带来的效益分析

1）东风装备 CPS 项目通过软、硬件结合，完成了物料实体与环境物理实体之间（包括设备、人等）的感知、分析、决策、执行，成功建成了复杂的系统级 CPS。针对东风装备十堰的齿轮线、有色铸造线、成都模冲冲焊工厂的生产计划、制造过程、生产物流配送、生产制造质量和成品管控等五大领域实现了全面的管理，通过系统的实施，加强了东风装备推广系统化管理的理念，实现了均衡生产，提高了物流效率，降低了物流成本。

2）CPS 实现了设备生产状态、物料流转状态的实时监控，同时也达成了物料批次全追溯的能力。

3）CPS 实时分析和科学决策的特色实现了运用高级智能计划排产功能，实现多品种共线下的产能最大化，协助柔性化生产计划编制，实现多品种小批量产品同时排产和混线生产，最大限度地提高了设备、人力的使用合理性和效率。

4）取得的经济效益：系统上线后，实现的各项量化指标明显优化，缩短计划时间 20%～50%，降低库存积压 20%～50%，提高生产效率 20%～50%，提高设备 OEE 20%～50%，提高产品质量 20%～50%，提高 JPMH 20%～50%等。

五、打造装备制造业智能制造标杆

东风装备生产制造模式在机械加工行业生产特点是多品种、小批量，该案例的多个子项目中，通用铸锻厂的冲压、铸铁是典型的离散型生产加工特点，低压铸造是典型的流程型加工特点，设备制造厂的机床、焊装、保全属于典型的项目型制造生产特点，刃量具厂有离散和流程结合的生产加工特点，本案例通过 APS/MES 项目实施建立的柔性化系统级 CPS，解决了机械加工行业多品种、小批量，多种制造模式共生的局面，达到了降低成本、提升效益、制造过程透明化、智能化的管理目标，越早在机械加工全行业推广这一案例模式，将会越快使整个行业实现产业升级。

案例 16 中建钢构广东在无人工厂领域的 CPS 应用

摘要

基于系统自治技术的 H 型钢结构制造 CPS 项目，是在传统制造业面临困境与挑战的背景下提出的面向装配式建筑 H 型钢结构产业的系统级 CPS 智能化解决方案。该系统集成了高档数控机床与工业机器人设备、智能物流与仓储设备、智能传感与控制设备等先进智能制造设备，建成了国内独创、世界领先的新型装配式建筑结构材料研发、设计、生产及装配一体化的智能工厂。本案例建成后不仅实现了钢结构智能化、柔性化生产，而且提升了产品的质量，提高了生产的效率，减少了材料的浪费，具有可观的经济和显著的社会效益。

前言

中建钢构广东有限公司（简称中建钢构广东）是中国最大的钢结构产业集团——中建钢构有限公司的隶属子公司，公司始建于 1991 年，是国内制造特级的大型钢结构企业。公司凭借自身在装配式建筑新材料领域的工程制造理论和实践优势，在钢构领域率先开展 CPS 研究，面向钢结构一体化的制造管理，以 CPS 系统自治技术为核心突破点，提出了基于系统自治技术的 H 型钢结构制造 CPS 应用探索，实现了柔性生产，减少了材料的浪费，并圆满完成了验证。

一、突破建筑行业困境，提高效益

钢结构和装配式建筑作为一种新型节能环保结构体系，以其强度高、自重轻、抗震性能好等特点，被广泛应用于基础设施、民用建筑等建设领域。钢结构企业是典型的面向订单工程型企业。钢结构产品具有结构复杂、制造周期长、生产重复程度低、生产过程中变更频繁等特点。中国的钢结构企业大多将发展重点放在单一设备上，但工件的流转、出入库、上下料等工序产生的信息无法及时得到反馈和分析，并反过来指导生产，导致产生大量的等待和浪费，并且普遍缺乏一套信息化的控制和管理系统对全局进行优化整合、精益管理和独立控制。这极大地制约了生产效率和产能，进而制约了企业乃至行业的发展。

中建钢构广东作为国内最大的建筑钢结构生产厂商，建筑钢结构订单需求差异较大，生产总量需求大，需要构建从感知、分析、决策到精准执行的闭环生产管理体系，从而解决钢结构生产过程中间产品种类多、过程流转组合复杂等问题，实现生产的精准控制和资源的优化配置。

二、以底层数据为基础，建设无人工厂

本方案通过 CPS 的建设实现了生产制造流程与物流流程透明、高效、智能的管理，通过对加工设备、物流设备、原材料和在制品暂存等多个生产单元的状态感知、信息交互，对所得大量数据进行实时分析、计算，对下料、焊接、组对生产工艺进行优化，经过调整后的工艺直接下达相关生产单元实现对生产过程的管控，同时生产过程的信息以报表等形式反馈给管理人员直接辅助决策。本项目构建了从感知、交互、分析、决策到精准执行的闭环 CPS，实现了对整个系统的智能控制。

本方案的 CPS 结合大数据、云计算等先进理念与技术手段，解决了建筑钢结构制造过程中生产情况复杂、中间产品种类多、变更多、在制品混排，生产组合复杂等问题，减少了材料的浪费，降低了劳动力成本，实现了局部制造资源的自组织、自配置、自决策、自优化，工厂的智能决策、智能调度、智能管理，以及钢结构智能化、柔性化生产。

三、建立无人生产线，引领建筑行业新发展

（一）技术方案

1. 整体架构

H 型钢构无人智能制造生产线具有 CPS 的全过程管控特性，该生产线由切割加工设备、各类机器人工作站、分拣设备、AGV 物流设备和立体仓库等单元组成。该方案中，CPS 通过打通信息空间和物理空间，实现了更大范围、更宽领域的数据自由流动，实现了各单元级 CPS 之间的互连互通、协同控制，实现了对生产数据信息的实时分析，实现了经过精准计算判断的辅助决策和资源的优化配置。整体架构图如图 1 所示。

2. 核心技术点

1）以智能单元为单位实现生产的感知和控制。

本方案将生产工序的一组或者单台设备定义为一个生产单元，生产单元中的立库、激光叉车、"牛腿"搬运机器人、焊接机器人、变位机自身都装有光电传感器或者力传感器用以感知产品的信息，同时使用控制器来采集这些生产单元的设备运行状态数据和产品的生产工艺数据。控制器根据生产单元内各组成部分的时序逻辑实现本地的控制。

2）MES 作为本方案的大脑实现了对生产的控制。

本方案中 MES 为焊接机器人提供了参数化编程，焊接程序可以通过工厂 MES 下载和导入任意一台机械手，也可通过现场输入参数的方式生成。根据焊缝坡口形式、坡口角度、焊缝长度、根部间隙、工件规格等参数的输入，编程软件自动生成机器人焊接程序，实现箱型主体焊接程序批量化生产。可实现连续焊缝和不连续多段焊缝同时编程功能。MES 系统如图 2 所示。

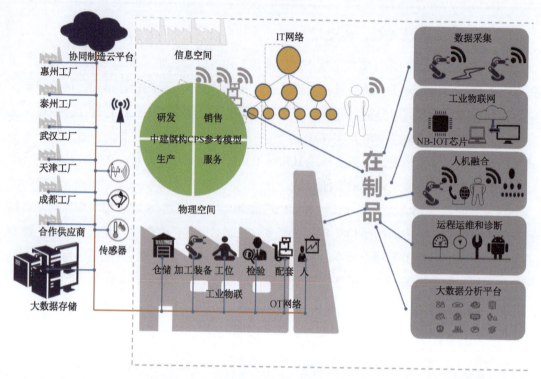

图 1 整体架构图

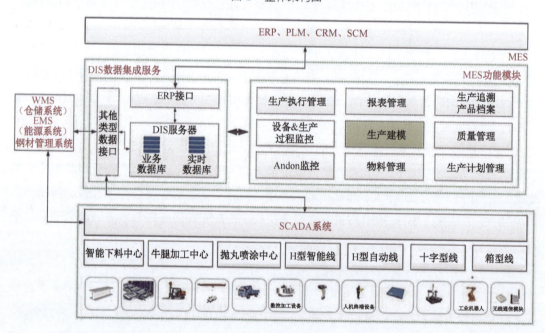

图 2 MES 系统

3）通过工业 PON 和工业物联网搭建车间工业网络。

本方案在充分理解 H 型钢构件生产和制造瓶颈的基础上，实现了工业物联网和工业信息网的部署，通过软件和互连互通的方式实现生产的优化。为了追踪 H 型钢构件的工单的生产进度，对每个托盘使用 RFID 做标识，实现零件的流转追溯和工艺管控。通过部署智能网关实现了"牛腿"搬运机器人、焊接机器人、激光叉车、变位机和立库等设备的信息采集和标准协议兼容。

考虑到焊接区域电磁辐射，本方案采用工业 PON 网络，并采用 TYPED 组网方式：2 台 OLT 设备放置于中心机房，ONU 设备放置在厂区相应的接入点。OLT 设备与服务管理平台互连，实现对网络的管理和提供相应的服务。在 TYPED 保护方式下，切换时间小于 50ms。通过这种低延时的方式，实现了人、物、料、生产线的有效链接。车间工业网络如图 3 所示。

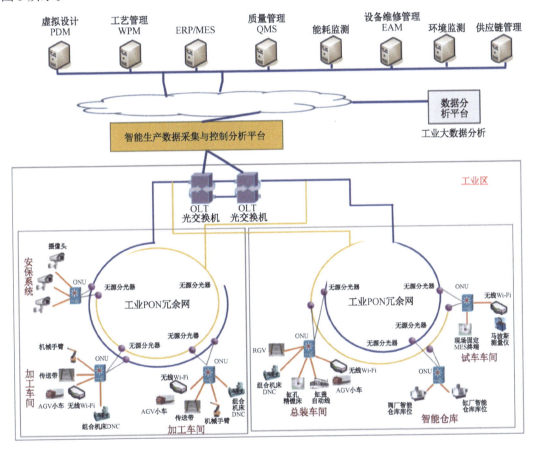

图 3　车间工业网络

4）工业云和智能服务平台。

本方案应用工业大数据平台，开展工业云服务。通过智能牛顿网关、能效管理系统实时采集车间现场的工控设备及外接传感器等设备的运行状态数据和设备运行环境参数数据，再通过接口协议，将数据完整、及时地传输到工业云平台的大数据库中，同时通过数据接口，将其他业务系统的数据集成汇总，最后实现通过计算模型和科学分析方法生成 H 型钢构件的工业云应用功能。

3. 功能描述

1）特征描述。

a. 通过生产数据打通 H 型构件生产的三个环节。

取料：MES 将生产订单拆解成生产工单，从 PLM 系统中拉取产品的 BOM、加工和检测工艺数据。根据加工工艺数据驱动立体仓库按照顺序拾取 H 型构件的翼板和腹板，将对应工件的参数信息传递给激光叉车，激光叉车跟据既定的夹持参数将工件送到对应的工作台。

焊接：MES 控制"牛腿"搬运机器人对工件搬运到变位机，实现自动上料，然后根据焊接工艺参数控制焊接机器人，实现 H 型构件的焊缝焊接。

半成品入库：MES 根据检测的结果数据，判定工件是否合格，驱动激光叉车将合格产品送入仓库，将不合格产品送到返修区域。

b. 通过软件定义仓储、物流和焊接过程。

仓储：WMS 软件定义了物料的出入库规则，WCS 软件定义了仓储对接的控制逻辑。

物流：TCS 软件定义了 AGV 物料输送设备物料从仓库到工作站的行走过程，也定义了"牛腿"搬运机器人从工作台搬取工件到变位机的过程。

焊接：焊接软件定义了工件的焊接轨迹和焊接过程要求，以及焊接质量要求。

c. 通过标准协议兼容网关实现多种硬件设备的互连。

通过标准协议兼容网关实现了立体仓库、变位机、焊接机器人和"牛腿"搬运机器人等多种设备的互连，实现了标准协议的有效兼容。

d. 通过信息空间中的数字化模型实现虚实映射。

通过信息空间中的数字化模型同步展现物理空间中的生产过程，实现产品设计、仿真、工艺、试验、质量、生产、能耗等环节的虚实映射。

e. 通过异构系统的集成实现生产的闭环。

异构系统由 MES、TCS、WMS、在线检测等多个系统组成，通过各个异构系统之间的有效集成，实现了 H 型构件生产数据的流动和生产信息的共享。

f. 通过生产单元级别的控制实现系统自治。

基于数据的驱动、异构软件系统之间的集成、数字化模型的虚实映射，最终实现了系统的自治和生产的无人化，以及生产的动态优化和实时响应。

2）功能描述。

本方案采用自动化设备、MES 等，加工过程无人参与，能够灵活高效地完成生产任务。

智能下料中心：通过智能下料集成系统将全自动切割机、程控行车、全自动电平车等设备进行统一控制、调配、管理任务和采集数据，实现"无人化"下料。

组焊矫中心：对工件自动组立、焊接、矫正，通过辊道自动物流进行连接。

机器人装焊中心：在部件加工区进行 H 型钢构的"牛腿"部件的自动焊接，提高产品质量的稳定性。在焊接区进行"牛腿"与主构件的机器人总装焊接。对于不规则的 H 型钢构件"牛腿"焊接设置了单独区域，采用传统工艺完成"牛腿"焊接。

通过工业互联网将状态感知、传输、计算与制造过程融合起来，实现对焊接机器人、变位机、叉车式 AGV 等生产单元之间数据的互连互通，进一步对整个生产过程的实时、动态信息进行分析和控制，实现钢构生产过程中信息可靠感知、数据实时传输、海量信息数据处理，最终实现各组成单元之间的协同控制。

（二）实施步骤

项目实施阶段图如图 4 所示。

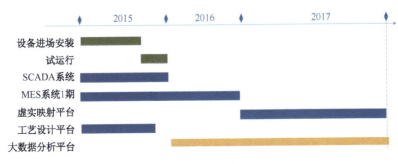

图 4　项目实施阶段图

本项目建设分为三个环节：产线开发环节、MES 建设环节、虚实映射平台建设环节。三个环节是同步进行的。

1）产线开发环节：本环节完成了变位机、"牛腿"搬运机器人、立体库的设计，并与激光叉车、焊接机器人一起做系统集成调试。整个过程在充分考虑数据采集接口要求的基础上，做了传感器的选型，同时部署了车间工业 PON 网络。

2）MES 建设环节：本环节完成了车间 SCADA 的实施，完成了立体仓库 WMS 的集成开发和调试、激光叉车 AGV 的 TCS 系统集成开发和调试、检测系统的集成，以及工艺设计平台的导入与集成，启动了大数据分析平台的建设和优化。

3）虚实映射平台建设环节：本环节完成了对物理空间中整条产线的建模，充分抽象出了各工位设备的关键信号，并完成了和 SCADA 平台的对接，实现了物理空间和信息空间的虚实同步。

四、实施成果

通过使用智能化系统、自动化设备，不仅能够实现机器换人，减少劳动力成本，而且实现了钢结构智能化、柔性化生产。通过信息系统建设实现生产制造流程与物流流程透明、高效、智能的管理，并与设备互连互通，结合大数据、云计算等先进理念与技术手段实现工厂的智能决策、智能调度、智能管理。

（一）实现数据汇聚

数据库引擎通过直接访问数据库文件、传输数据文件等方式与其他系统和平台进行对接，将原先分散的单元级平台和系统的数据汇集到 CPS 平台上。通过使用数据镜像/模型的方法，把各个系统中参与的人、设备、物料、产品在平台中建立一对一参照关系。按数字化镜像的模板保存各平台的信息数据，为进一步计算和分析提供数据支撑。

（二）实现数据安全保障

平台在数据传输过程中除使用用户名和密码验证外，还通过密钥加密传输信息的方式保障信息传输时候的安全。对于保存到平台系统的数据，通过对建立的数字模型的权限控制，按组织架构、用户组、权限等级的方式控制用户使用接口数据的权限，以防数据的意外泄露，同时还可对平台数据进行读写操作，平台详细记录操作日志以备审查。对于平台自身的数据库备份文件，通过加密备份文件，保障备份文件的安全。

（三）实现工业数据清理和分析

平台通过使用大数据分析和处理，应用一系列的理论和方法，对各个平台数据进行清理、梳理和整合，实现汇聚数据的合规性、一致性、完整性、准确性，并使用科学的算法和统计学知识，对完整数据进行挖掘和分析。

（四）实现工业数据展现和应用

平台使用图形化开发界面，只需要通过拖拉的开发方式、先进的页面展示布局，完成通用操作界面搭建，实现快速开发、部署和产品迭代。虚实映射图如图 5 所示。

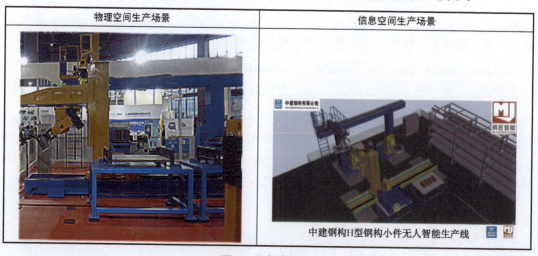

图 5　虚实映射图

监控界面如图 6 所示。

该案例通过 CPS 技术的探索应用，实现了智能终端控制下自动化生产，并在全局信息化基础上建立精益生产和精益管理的持续改善机制。通过提高信息化管控水平，经理论测算可以实现产品生产效率提高20%以上，运营成本降低20%以上，产品研制周期缩短30%以上，产品不良品率降低20%以上，能源利用率提高10%以上，大幅度提升产品的质量，提高生产效率，减少材料浪费，具有可观的经济效益和显著的社会效益。

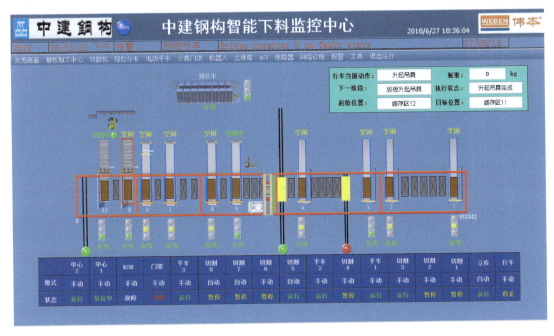

图6 监控界面

五、推广建筑行业新业态

本方案通过使用信息化管理和智能控制，实现了钢结构智能化、柔性化生产和实时精准的辅助管理。同时，对市场多样化的需求有了更好、更快、成本更低的适应性方案。本方案的实施既帮助企业完成了业内首个较为完整的钢结构制造智能化工厂建设，带来了可观的经济效益，同时也为行业的智能化尤其是基于CPS技术的信息空间与物理空间融合在钢结构行业的应用实践和实施树立了一个样本示范。

考虑到国内建筑钢结构产业尚无类似案例，国外因产品类型的差异性而几乎没有可移植的解决方案，本方案的落地实施对于钢结构行业的跨越发展和转型升级具有重要的借鉴意义。

案例 17　西奥电梯在电梯制造领域的 CPS 应用

摘要

> 本案例属于系统级 CPS 应用。针对电梯行业特点，攻克电梯设计、制造环节之间的模型和数据难以互通和集成的难题。基于 CPS 动态传感、数据采集等技术手段对电梯进行实时监测，及时发现故障，实现对电梯运行过程的远程、实时监测，将故障维修时间缩短，并通过分析关键部件的健康状态和剩余寿命，预测性地对部件进行更换和维护，使电梯产品实现了远程监测与智能运行维护的新模式。依托现有的 ERP、MES 等软件系统，实现现场异构设备的快速集成与互连互通，从而实现个性化订单生成、计划排产、生产制造的纵向集成，使得电梯产品在客户选配、设计、计划调度、制造等方面达到了一体化集成，从而可以大幅缩短产品的设计、交付周期，有力支撑了高度个性化定制电梯的大规模生产模式。

前言

杭州西奥电梯有限公司（西奥电梯）是一家集设计、研发、制造、营销、安装与售后服务于一体的综合性电梯企业，总投资 5.5 亿元。随着业务量的增长，存在故障隐患的电梯数量也在快速增加，为解决电梯行业目前存在的难题，西奥电梯对 CPS 在制造领域的应用进行了探索，搭建了针对电梯行业特性的 CPS 建设框架。

一、消除电梯行业运营痛点，打造安全乘梯服务

中国电梯产业在国家大力支持城市基础设施和城镇化建设的催动下，正经历着高速发展期。年均销量增长超过 20%，销量超过 70 万台。但是部分问题仍制约着电梯行业的发展。

行业发展瓶颈与隐患：一是电梯高度个性化定制，导致电梯交付周期较长；二是图纸设计背后人工转换成设备和控制系统的程序效率低，错误率高；三是随着电梯保有量的增长，存在故障隐患的电梯数量在快速增加。

针对电梯行业目前存在的难题，在现有生产系统的基础上，我们意识到，需要将数据、软件、网络等信息技术与人、机、料等底层制造因素做融合，构建一个数据流动的闭环赋能体系，即信息物理系统（CPS）。通过 CPS 打通电梯从设计、生产计划，到制造的端到端集成，实现设计、制造一体化，减少人为参与，使系统根据用户需求自动生成产品设计图纸、快速转换设备程序，并根据生产单元和生产线的能力，自动调度生产任务。此外，本项目计划实现电梯从设计、制造、安装到服务的全流程数据采集、分析、监测与诊断。通过对全生命周期数据的积累与分析，优化产品设计、控制参数。通过对电梯运行过程的远程、实时监测，大幅缩短故障维修时间。通过分析关键部件的健康状态和剩余寿命，预测

性地对部件进行更换和维护，从而逐步减少电梯故障次数，提高电梯的安全性和可靠性。

二、基于数据应用，实现流程剖析再造

针对电梯行业特性搭建 CPS 应用框架，如图 1 所示。该体系紧密围绕 CPS 逻辑要求，并与信息物理系统的四个测试标准相结合。

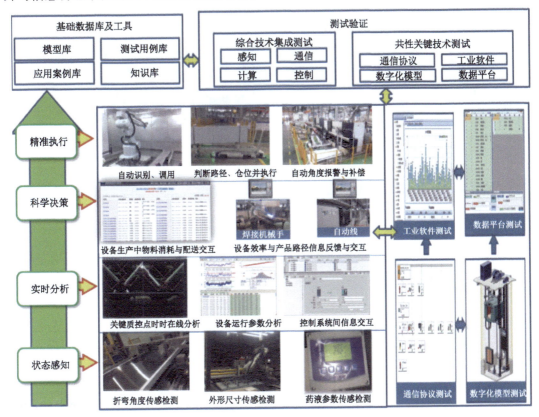

图 1 CPS 应用框架

电梯智能工厂规划设计的基础网络设施能够实现集中监控、控制、管理和运维，并且能够应用于整个工厂业务系统。有线网络建设采用以太网物理接口主导工厂的有线连接，同时采用标准化的实时以太网进行工业现场总线的控制数据和信息数据的传输。应用 IP 技术将工厂级网络向车间级、现场级网络延伸，实现信息网络。无线网络主要用于移动类设备及产品信息的采集，包括移动终端的网络连接。结合非实时控制网络 Wi-Fi 和面向工业过程自动化的工业无线网络 WIA-PA，构建工厂无线网络。

三、电梯订单业务流程新模式

（一）方案设计

电梯个性化定制的用户选配、产品设计、计划排产、制造、交付全流程系统集成依托现有的软件系统，通过建设全互连制造网络，实现个性化订单生成、计划排产、生产制造

的纵向集成。CPS 应用信息系统架构图如图 2 所示。

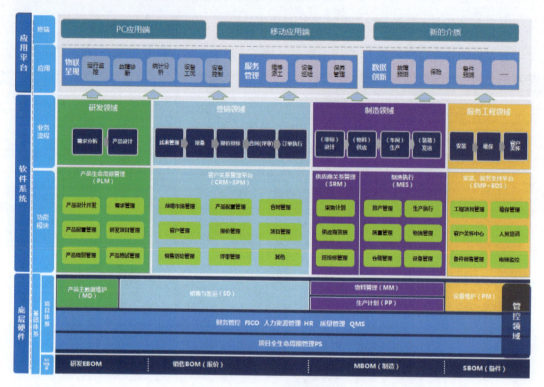

图 2 CPS 应用信息系统架构图

面向客户个性化定制的 CRM 系统能够使订单合同履行在导入过程中，合同资料、参数配置、客户定制化等需求，通过后台数据库匹配把客户产品的参数信息对接到 PCS 系统，生成可加工处理的 BOM 信息，以供下游系统进行 BOM 数据读取后管控操作。PCS 参数信息配置界面如图 3 所示。

图 3 PCS 参数信息配置界面

通过平台间的数据交互最终形成用于指导车间的排产、发货任务，实现供应商采购订单的自动生成、物料交货的异常警示、联合货源动态的派发、线边仓进、出同步及供应链的管理，将 BOM 数据及零部件的 NC 加工程序传递到底层设备端。工单数据命令下发如图 4 所示。

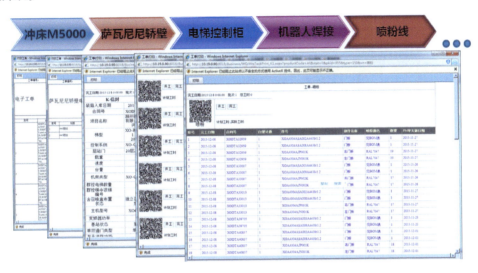

图 4 工单数据命令下发

物理系统维度即设备、物料、工装、传感器、人、环境等，设备上安装了各式各样的传感器，每时每刻都将海量的数据传输到中央计算机中进行数据处理。

将机器接口、动力装置、运行机构、传感器、监控探头、物料、工单链接成一个闭环数据系统。通过自动身份识别，进行机体交流。信息交互如图 5 所示，数据分析如图 6 所示。

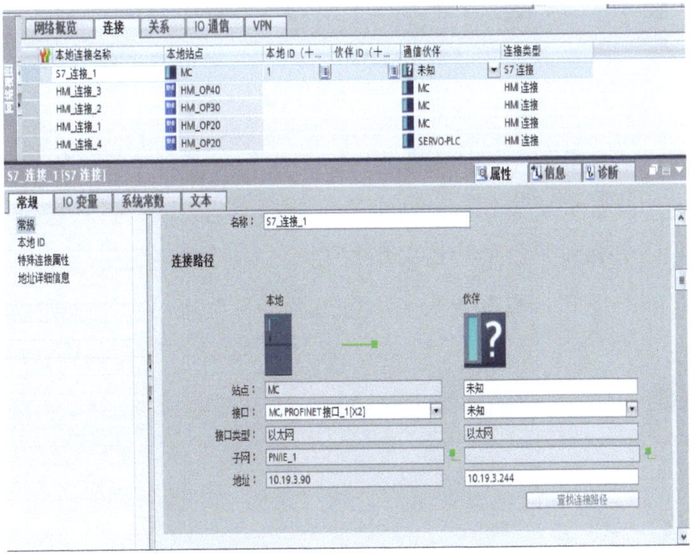

图 5 信息交互

制造升级篇 **167**

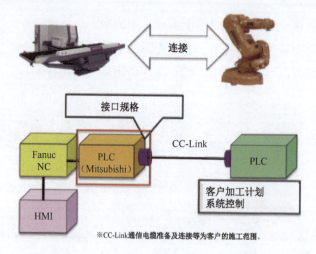

图 6　数据分析

机器人在接受指令后,通过传感器、视觉设备进行精度定位,如图 7 所示。

图 7　机器人作业

将设备执行语言、操作系统、物料信息、AGV 运行状态等进行逻辑运算,通过传感器、视觉相机监测到的产品数据反馈到后台数据库,数据库与（统计过程控制）SPC 的标准数据库进行交互,并做出判断。质量数据采集与 SPC 对接如图 8 所示。

在物理、信息状态感知,数据分析及后台规则计算决策后,用于现场物理实体的动作执行,比如产品在"C"这道工序完成后通过 AGV 小车运输至下一工序,而下一道工序是到"A"工序,还是"B",根据后台数据执行指令驱动实体运行。AGV 通过无线信号切换配送路线如图 9 所示。

通过 AGV、传感器、设备、视觉相机、物料条码、机器人等组合成一个 CPS 信息单元,同时与上端工单系统融合,通过信息读取自动调取该产品所对应的折弯程序。设备参数自动补偿如图 10 所示。

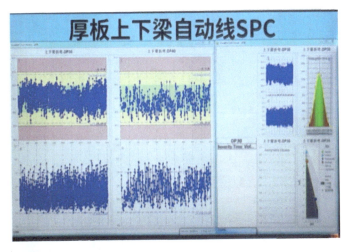

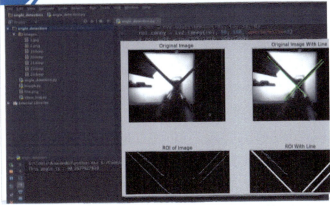

图 8 质量数据采集与 SPC 对接

图 9 AGV 通过无线信号切换配送路线

图10　设备参数自动补偿

为提高客户满意度，以及提供安全可靠的设备，采用强大的服务管理平台对服务合同、配件订单、维保线路等进行管理。服务管理平台能够对工程维保服务业务进行管理，根据CPS核心原则同时与现有的软件系统、硬件系统、视频交互系统进行数据交换与服务调用。

选定物业可以展示指定电梯设备的实时运行情况信息，包括运行参数数据、轿厢内视频信息，在配置视频互动权限前提下，可以与物业实现视频互动。预测性维护系统可从信息交互的角度采用功能分层的方式构建，包括数据采集层、数据处理层、状态监测层、健康评估层、故障预测层、维护决策层和人机交互层，实现了从信息获取、转换到分析、应用和展示的全覆盖。分公司统计信息如图11所示。

图11　分公司统计信息

（二）实施过程

首先是对每个部门现状问题的梳理分析，通过 VSM 价值流分析、SIPOC 等工具，明确各个部门在订单执行过程中存在的业务需求、信息断点、信息处理时间、上下游层级部门的输入、输出等需求，最终形成一份全价值链问题分析图。现状流程梳理图如图 12 所示。

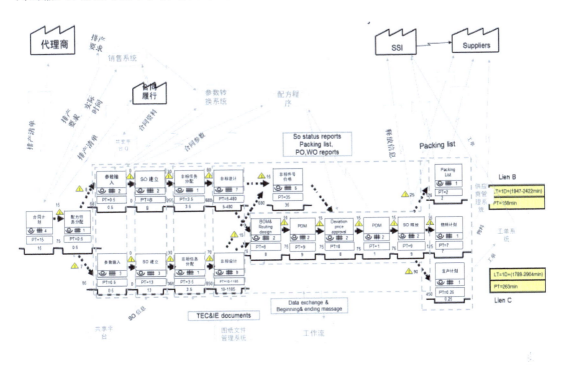

图 12　现状流程梳理图

从客户互动开始，以客户接收到一定级别的价值为终止。通过这些分析，现状存在的问题就有了很清晰的定位。

通过对现状问题的梳理，确认需求，描绘未来流程图。确定 CPS 系统方案的应用，并与预期效果做对比，形成一份可行性项目评估报告。

确定项目立项书，明确 CPS 项目应用模块。打通与 SPM 系统的对接，快速地获取参数，传递数据到下游 ERP 系统，支持其订单 BOM 的快速生成。提升设计协同能力，建立电子化的审批流程，自动更新数据版本，为不同角色提供统一的信息入口，实现跨专业设计数据可视化审查功能；建设项目执行管理标准体系，落地 IPD 产品开发过程，有序地分发和执行产品开发任务，合理地分配项目资源。实时监控进度、风险和问题，减少项目的开发周期。可行性架构分析流程图如图 13 所示。

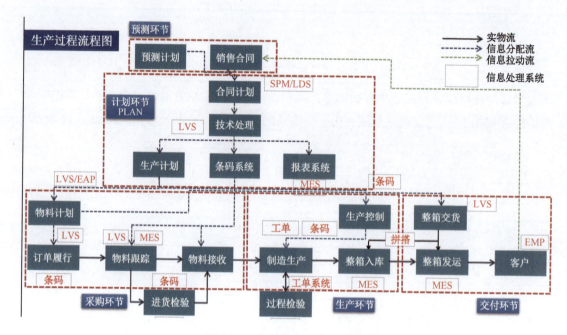

图13 可行性架构分析流程图

四、应用效果

通过本项目的实施，建设面向个性化定制的电梯智能生产线，应用成果如下。

（一）制造交付周期测算

制造交付周期包括合同计划排产周期1天、合同工程技术图档设计BOM编制周期3天、工艺制定加工路线和制造BOM分解周期1天、采购定价周期2天、原材料采购周期3天、车间加工与装配周期4天、装车发运1天等周期构成，合计15天，目前缩短为6天，减少60%。

（二）生产效率测算

导入专用折弯与焊接机器人、自动料塔技术、智能检测传感及控制技术、智能物流技术，从原先的人工单机作业建设成为集冲压、折弯、智能检测于一体的自动柔性生产线，将焊接加工从人工焊接生产方式建设成全自动焊接线，生产过程自动装备的数控化率提高至80%，生产良品率提高至99.8%，生产线自动化工位占比与之前人工操作相比提高至70%以上，人均生产效率提高至60%以上。

（三）产品良品率测算

加工装配过程中需要经过剪、冲、折、喷涂、粘接、铆接等工序，生产线在建设过程中将采用建立生产过程追踪体系。同时建立在线质量检测与分析系统，通过应用高精度激光测距仪，自动检测生产过程的成型尺寸、折弯角度；应用涡电流感应传感器，实现喷涂膜厚自动检测与控制；应用拉力检测仪，检测加强筋粘接力与铆接力。通过对生产线运行和产品自动检测,将各项关键检测数据实时发送至品质监控系统,使设备自检率达100%,不合格产品自动筛选、分流返修。

(四) 产品研制周期测算

通过深度集成CAD、CAE、CAM、CAPP等应用,实现数据间的自由流通和共享。在柔性化设计能量提升方面,通过提高零部件重用性,降低设计变更次数,推进研发过程向产品系列化、零件通用化和功能模块化转变,提高产品快速换型和柔性化设计能力。实施前,重大产品研发的各阶段耗时为:调研2个月,设计5个月,试制3个月,首批台15天。项目建成后预期各阶段时间为:调研1.5个月,设计3个月,试制2个月,首批台5天。新产品研制周期由之前的10.5个月降低至6.5个月,缩短35%以上。

(五) 公司的运营成本预测

通过生产线自动化改造升级,将原有人工操作工序改造成自动生产方式,大幅度节约了直接人力成本,如厅门自动生产线,改造前,整条厅门生产线直接人工为30人,自动化改造后,只需要12人,人头成本降低60%。上下梁机器人焊接、侧板机器人焊接、轿底托架机器人焊接等改造,从原先的16人减少到8人,人头节约50%等。

五、推广电梯行业新业态

电梯制造行业作为离散型特种设备生产制造行业,在CPS的运用及推广上面有着深远的意义。在订单的快速交付方面,电梯产品订单的全生命周期在各个不同阶段,都可以构建CPS来帮助其实现系统目标。比如产品设计阶段是一个从无到有的创造阶段,其目标是创造新的市场需求。设计阶段通过各种信息化技术,如仿真技术、数字孪生系统等构建数字化的产品设计模型,使得在产品实际试验或制造之前进行模拟与检验,缩短产品的设计周期,降低试验成本。通过CPS做出实时分析决策,能够保证产品的正常运行,优化运维成本,从真正意义上实现将传统制造模式转型为订单快速交付、服务快速响应的智能制造新业态。

案例18　上海宝钢在智能钢板品质自动分析领域的 CPS 应用

摘要

基于 CPS 的智能钢板品质自动分析实验室是在传统的流程行业背景下提出的面向钢板品质在线检测的单元级智能化解决方案。该 CPS 通过各类传感器、图像和代码获取等形成状态感知；通过信号分析、数据处理和图像识别等形成实时分析；按照生产系统数据及其检验需求与实时分析结果进行科学决策，自动形成各类操作指令；根据操作指令，控制系统控制各功能子站控制器，获得的分析数据实时传递到生产系统，实现了 CPS 四个过程的资源优化配置。目前，该解决方案已在宝武钢铁冷轧机组进行了应用，在缩短检测时间、提高数据准确率等方面成效显著，是 CPS 单元级应用的典型案例。

前言

上海宝钢工业技术服务有限公司（简称上海宝钢）隶属于中国最大的钢铁集团——中国宝武钢铁集团有限公司，通过 30 余年钢铁行业设备服务的充分实践，在冶金领域率先开展 CPS 研究，面向设备状态把握、设备状态恢复、设备状态改善，以在线检测为核心突破点，提出了基于 CPS 的机旁智能钢板品质在线自动分析实验室解决方案，并开展了试点应用。

一、突破传统钢板手工品质检验，提升机旁检测效率

传统的钢板物理化学检测通常是剪好样板后进入检化验实验室进行数据分析检测，存在检测结果滞后、费时、费力的现象，还可能带来数据的误差。以宝钢冷轧机组为例，该机组是人工搬运取样，并送样到化验小屋，人工手动完成剪板、折弯、压平工序，最后送到检测室完成检测，需安排专人频繁进出操作室来完成作业。检测设备只能通过人工操作。

品质检验是制造业中不可或缺的一个环节，问题越早发现，产品的质量损失越小，产品的成本越低。因此，机旁的品质检测越来越受到制造业的青睐，随着智能制造工作的推进，将机旁检测数据实时传输到工艺制造信息系统，进而快速调节工艺参数，成为制造业追求的目标。

本方案就是为了更好地缩短检测时间，提高数据准确率，减少人力、物力的投入，防止人员疲劳造成的误判，以上述机组为切入点，建设机旁智能检测试验室。

二、基于 CPS 理念，实现机旁无人化品质检测

本方案以智能钢板品质自动分析替代目前钢铁生产试样加工分析中存在的大量人工作业，在钢板分析领域首先实现了信息空间与物理空间的统一，并实现了 CPS 四个过程的资

源优化配置,即状态感知、实时分析、科学决策、精准执行。

本方案主要内容为在机旁增加设置无人化检测试验室,针对来料的整张钢板快速完成后续二次取样、分拣、折弯、压平、送样、拍照的无人化工序。该系统主要包括物料识别、数据分析和决策,在执行上主要完成激光切割、激光打码、自动分拣、折弯压平、样品清洁、粘胶布试验和图像检测;在信息上整合产品规格、板卷编号等,结合相应的检测检验需求,自动识别钢板来料,按照流程自动将不同来料存放在指定区域,按照不同的检验需求进行加工,分析工位的自动流转,最后得到钢板质量判断结果。整个过程智能化、无人化,按照分析要求进行自动配置,最后自动上传样品信息和分析结果。

本方案实现了"一硬"感知和自动控制、"一软"工业软件的研究和开发,是典型的单元级 CPS 技术应用。

三、建设 CPS 四大环节,引领机旁智能检测方向标

(一)技术方案

1. 整体架构

整体架构包括 CPS 系统的四大环节:状态感知、实时分析、科学决策及精准执行环节。

状态感知环节主要部件是传感器、工业相机和读码器。其中,传感器网络是监控数据来源,分布于现场的每个设备,特别是每个物料在各工位的流转需要传感器定位和感知;读码器通过扫描每块钢板的二维码,得到 11 位钢卷号,为后续自动流程提供基础数据;工业相机拍摄传送带上待分拣的样板,便于机器手分拣。整体架构图如图 1 所示。

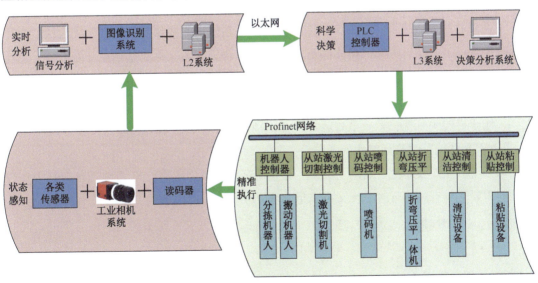

图 1 整体架构图

实时分析环节是对各种信息进行实时分析和信号处理的,并将结果传递给 PLC 控制器;与 L2 系统进行实时数据交换,获取钢板来料的实时信息,分析钢卷号数据信息;图像分析

系统对采集的图像进行分析处理，为后续机器手分拣提供决策支持。

科学决策环节包括主 PLC 控制器。根据实时分析结果向各子控制系统发出控制指令。工厂 L3 系统根据工艺要求下发本次钢卷样板的试验项目，形成对应的激光打码、切割方案、折弯等方案，并向执行层下达执行命令。

精确执行环节是现场所有子控制单元及其设备，包括抓取机器手、折弯压平一体机、粘胶布机、传送带等单体设备通过 CPS 的科学决策网络下达指令进行动作的执行环节，完成整个机旁实验的要求，是 CPS 中的物理系统按信息系统执行任务的实体。

2. 核心技术点

1）CPS 物理空间隐形数据的感知和虚拟空间的映射。

物理空间感知是该 CPS 单元级系统的基础数据来源，该系统中所有单体设备除了机器手外都是非标定制，每个设备的运行都需要传感器感知，并与机器手相互通信，通过映射到虚拟空间进行计算分析，形成最优的步序执行方案，使其在最短时间内完成实验项目。

2）CPS 信息化体系的构建。

该系统虽然定义在 CPS 单元级上，但网络构建是信息互通的基础，因此，也存在自身的网络架构与系统级 CPS 通信的接口构建内容不匹配的情况。工业网络包括现场控制级网络、工业以太网络。现场控制级网络是整个系统数字化网络的基础，本系统主要采用 Profinet 网络通信技术；工业以太网络为上层数字网，用于本系统与工厂信息化系统的对接，主要采用以太网络技术。

3）CPS 关键工业软件的开发。

工业软件是 CPS 系统"一软"的重要体现。该系统工业软件主要是嵌入式软件。上位机开发软件、工业相机图像识别软件及 PLC 控制软件，每个软件都是独立开发的；上位机软件是承接整个工厂信息化系统的桥梁，同时也包括大量的数据库开发任务，用于激光打码、切割方案的选择。工业相机图像识别软件有两个功能，一个功能用于识别样板的形状大小，便于机器手分拣；另一个功能是图像识别表面缺陷的功能。

4）CPS 智能控制执行单元的开发。

该系统的主要技术之一是对"一硬"设备的开发，因为作为 CPS 系统闭环运行中执行器，即需要适应空间位置狭小，又要满足全自动功能，对此内容的开发，采用 MBD 技术、功能仿真、试制样机、完善设计四个步骤进行，对于单体设备的研制是国内首创的，同时为今后 CPS 系统的系统级项目奠定了基础。

（二）功能描述

该系统是基于 CPS 技术对现有机旁手工取样、手工钢板物理测试的智能化升级改造与建设，实现 CPS 在机旁钢板物理检测的三大关键技术：现场数据感知和控制、数据分析、质量判断，完成智慧控制系统的研发。整合钢卷头、中、尾三块样板的测试数据，利用该

CPS 系统到工厂工艺计划平台的信息互通，提供工厂工艺参数快速调整的依据，保证钢厂产品质量。该项目是 CPS "一硬、一软"的有机组合，能够实现"状态感知-实时分析-科学决策-精准执行"的数据闭环。

1. 总体方案布局及作业流程

总体方案布局如图 2 所示。

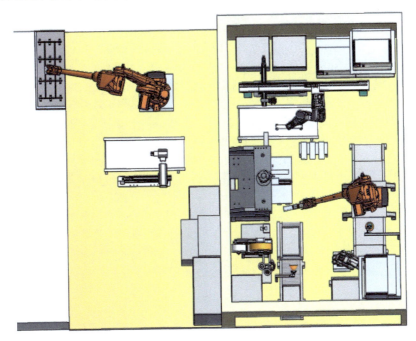

图 2 总体方案布局

该系统主要分为取样区、切割区、一次分拣送样区、试验区、二次分拣区。作业流程如图 3 所示。

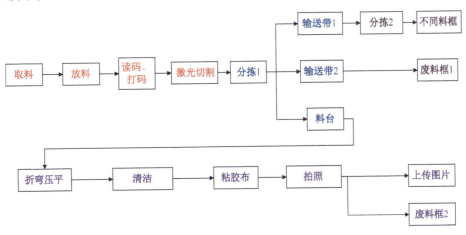

图 3 作业流程图

2. 取样功能

取样功能是通过 CPS 中传感器感知缓存区有样板放入后，经过"一软"中 PLC 控制软件与机器手嵌入式软件通信，机器手作为执行器，按预先设计的动作轨迹完成一次取样、放样操作。机器手取样图如图 4 所示。

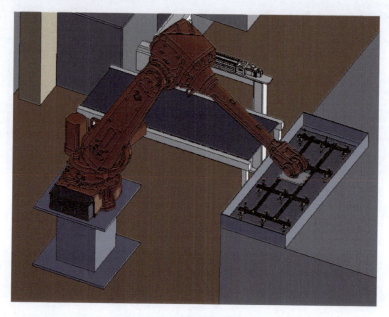

图 4　机器手取样图

3. 激光切割功能

本系统通过自动扫描感知钢板上的 11 位钢卷号，将此信息映射到虚拟空间，虚拟空间的信息系统对 11 位钢卷号进行数据分析，经过 CPS 科学决策环节匹配样板的切割方案及试验内容，切割方案和试验内容预先存在信息层的数据库中，进而下达指令给 CPS 执行层的激光刻码机和激光切割机，对样板进行激光刻码和激光切割。激光切割如图 5 所示。

4. 实验测试功能

实验测试功能是 CPS 的物理层，但实验测试需要在折弯压平工位、清洁工位、粘胶布工位、拍照工位进行流转，需要机器手和每个工位设备进行信息通信，包括 CPS 单元级的感知、计算、控制、通信四个环节。以折弯压平设备为例，首先设备需要通过传感器感知有样块放入实验区域，然后进行第一道工序压平，压平后通知机器手取走样块进入到第二道工序——折弯，折弯完成后机器手取走样块进行下一个工位的试验。整个过程包括物理装置：折弯压平机和机器手。信息壳——子站 PLC 控制程序、传感器、机器手与 PLC 之间通信。这里的物理装置通过信息壳实现物理实体的数字化，信息系统可通过信息壳对折弯压平设备进行"以虚控实"。信息壳成为物理与虚拟之间的桥梁。折弯压平设备如图 6 所示。

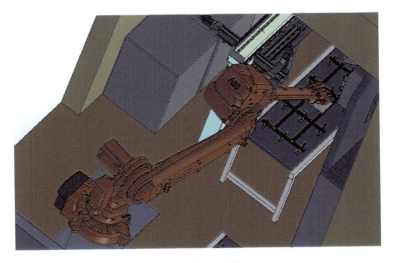

图 5　激光切割

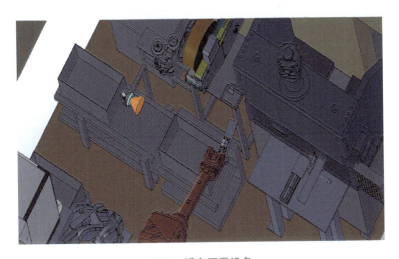

图 6　折弯压平设备

5．分拣功能

该系统的分拣功能分为两次分拣。第一次分拣（示意图如图 7 所示）是对激光切割后的样块进行分拣，有的样块需要在本地进行折弯压平测试，有的样块需要进入其他实验室进行试验。所以，通过传送带传输到二次分拣的区域。二次分拣（示意图如图 8 所示）是根据相机拍照、图像识别的方法进行分类。分拣功能也包括 CPS 系统的物理空间及信息空间的数据映射，其中，主要物理设备是两台机器手、工业相机、传送带、传感器。信息空间是通过嵌入式软件融合物理设备信息和数据库信息的，完成两个机器手及相关单元的轨迹动作。图像处理软件是信息空间中重要的组成部分，通过通信互通，将计算决策的结果传递给物理空间的执行层。

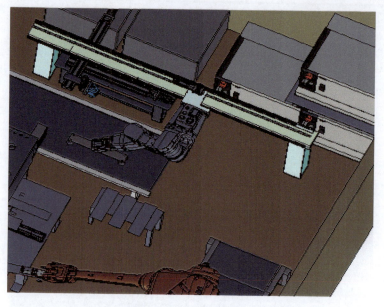

图 7　一次分拣示意图

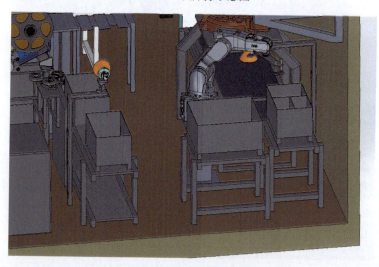

图 8　二次分拣示意图

（三）标准化需求

目前在检验前期处理的试样加工方面没有自动化加工的标准，因此，我们在项目进程中只能进行探索，在数据集成方面，各个系统的数据格式、传输规范均不统一，如果能够形成统一的数据传输规范，系统开发的工作量及难度将得到极大的简化。

（四）实施步骤

第一阶段：项目前期调研，搭建 CPS 架构。

1）通过了解国内外相关技术发展趋势，分析应用和需求的背景，论证该项目的先进性、可行性和经济效益。

2）搭建 CPS 架构，对 CPS 的状态感知、实时分析、科学决策、精准控制四个环节进行设计。

3）搭建测试平台，针对几个非标设备进行前期功能测试，建立设备现场级网络通信协议。

4）开展 CPS 关键技术研究，如虚实映射、嵌入式软件开发、关键物理设备研制、MBD 技术研究等。

第二阶段：设备安装调试，并进入试运行阶段。

1）完成 CPS 物理空间的单体设备制造，并进行单体设备调试。

2）完成 CPS 信息空间的软件系统开发。根据所有设备的通信技术协议编制 PLC 控制程序、上位机软件程序及编制子站单体设备控制程序。

3）利用现场年休，对整套设备进行安装调试，通过实时以太网和监控软件进行信息交互，打通设备与现场 L2、L3 系统的信息通信。

第三阶段：设备正式投运，并进入推广阶段。

试运行后，达到各项功能考核，设备进入正式投产阶段。同时，基于 CPS 单元模式的机旁在线无人化检测模式，可以推广到其他钢种产线，市场前景广阔。

四、应用效果

项目实施后，将在以下几个方面产生应用效果。

（一）安全性方面：通过 CPS 的"一硬"（实验设备）、"一软"（嵌入式软件）构成了"感知-分析-决策-执行"的数据闭环，将原来人工完成的品质检测用无人化的手段全自动完成，整个过程无人工干预，无废水、废气的产生，大大降低了人工搬运、折弯、压平带来的危险系数。

（二）数据准确性方面：消除原来的人工运输、人工标识、人工切割加工带来的人为差错，使数据的可靠性大大提高，保证了测试数据的及时可靠性。通过 CPS 软件系统数据库的开发，所有数据可以溯源，便于事后分析。

（三）效率方面：传统的手工操作全过程大约 15~30 分钟，约需要 2 到 3 人完成，现改为无人化检测系统，并且就在现场机旁，通过 CPS 架构设计，实现资源的高效配置。钢卷样板刚被剪下就直接送入系统传送带，经过一系列的工位流程，7 到 8 分钟内就会得出检测结果，大大缩短了人工送样、手工剪切、折弯等动作时间，同时可减少 2 到 3 人，大大降低了人工成本。

（四）经济性方面：由于增加了激光切割设备，切割样板更加便捷，因此，以往需要机组剪 3 块同样大的样板进入不同的试验区，再进行分类取样，取样后的边料作为废料处理，现在，可以充分利用一块大样板，完成 3 块样板的取样，样板的利用率更高，每个钢卷头尾可以节省 2~4 块剪切大样。按一卷钢卷节省 2 块样板计算，全年可省 120 多吨，直接经济效益约 120 万/年，效益可观。

五、推广意义

按照 CPS 的概念进行自动化、智能化系统设计，可以提供简明有效的设计思路，对系统的全过程进行资源优化配置。该设计思路对本行业的其他应用同样具有良好的借鉴意义。

智能钢板品质自动分析实验室的实现，消除了人为因素，降低了制样过程的出错率，使分析数据的可信度和分析速度得到较大的提高，通过信息系统优化设计，从而减少取样钢板数量，极大地降低了分析检验成本，为企业带来可观的经济效益。同时，精准、及时的数据为企业优化生产工艺提供了数据支撑。因此，本案例不仅在钢板自动分析领域具有应用价值，还可以复制到其他同类生产线，如板坯、厚板等领域，甚至可以在冶金以外的行业进行应用，具有良好的推广价值。

案例 19　东方电气在智慧风电领域的 CPS 应用

摘要

> 智慧风电系统应用是通过以安全运行为前提，以延长机组寿命、提高机组可靠性和发电量，降低运维成本为宗旨，以提高风能利用率，提高发电量为条件，以预测性分析及人工智能技术作为风电装备进行智能化运维管理的平台，来挖掘风电机组极限潜能，实现对风电装备的性能评估、预测性诊断、机队管理、调度优化和维护策略优化，从而实现风场的无忧运营。通过预测性维护机制，进一步建立优化运维策略，减少运营维护费用。智慧风电的定位是通过信息化和智能化驱动研发、生产及运维技术革新，提升公司价值，助力向服务型制造业转型。

前言

东方风电是中国东方电气集团子公司的简称。作为首批创新型企业和国家技术创新示范企业，在风电发电机组方面从"智慧风机""智慧风场"及"智慧运营"三个层级实现了风机运维的全面智能化升级，并通过相关仿真实验验证了其可行性及优化能力。

一、突破困局，达成高效

中国的风电行业在过去 10 年飞速发展，目前已经成为风电行业装机规模和增长速度较快的国家，2017 年风电行业新增装机容量达到 19.5GW，仍然稳居新增和累计装机容量的世界第一。与此同时，风电行业的蓬勃发展背后存在一定的挑战，目前主要的挑战在于风电高昂的成本。在高昂的成本背后，运维成本和管理成本占比超过 25%。因此，通过远程监控和预测性分析等技术手段实现风机的预测性维护，减少运维费用和提升发电效率，是整个风电行业的发展方向。

二、算法驱动，智能运营

东方风电自 2016 年开始与国内领先的工业智能系统解决方案提供商北京天泽智云科技有限公司合作，共同研发基于 CPS 架构的智慧风电系统，多层级地实现风机运维的全面智能化升级。

智慧风电系统的应用使机组的运作在寿命、可靠性、发电量及成本方面都有很大的改善，很好地体现了该系统建立的宗旨。用软件定义硬件，提高机组工作能力，拓展机组工作范围，让风机、风场具有感知、记忆、思维、联想、学习、适应和决策能力。以多源数据为基础，结合建立在 5C 上的 CPS 系统，风电机组得以在人工智能的建模及预测分析技术的帮助下，达到无忧的运营状态。该状态包含了 CPS 系统对风电装备的 PHM（预测性诊断及健康管理）和维护策略的优化。智慧风电与传统的风电系统管理比较，优势明显，定将成为风电甚至整个电力领域运维的趋势，推动企业向服务型制造业转型。

三、建设无忧，引领潮流

（一）总体架构

作为总体架构设计理念的核心技术支撑，CPS 是一个具有清晰架构和使用流程的技术体系，依靠工业大数据的特点，能够实现对数据进行收集、汇总、解析、排序、分析、预测、决策、分发的整个处理流程，具有对实体系统进行流水线式的实时分析能力。CPS 的应用也具有清晰的层级化特征。基于美国辛辛那提大学智能维护系统中心（IMS）主任李杰教授所提出的 CPS 5C 架构，智慧风场 CPS 的整体架构设计及功能层级，包括智能感知层、智能分析层、智能网络层、智能认知层和智能决策与执行层。CPS 的理念基础如图 1 所示。

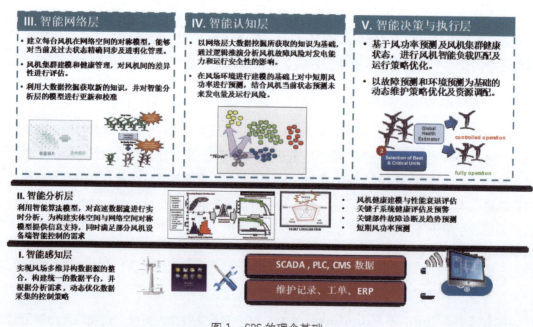

图 1　CPS 的理念基础

● 智能感知层：通过在风机端部署的智能硬件，面向风机主控、变桨控制器、变频控制器和振动监测系统进行统一的数据采集，可实现远程的数采管理、参数配置、采集触发等功能。高频的数据切片采样既满足了传统 SCADA 的低频率数据监测功能，又可以满足诊断分析的高频数据样本需求。

● 智能分析层：风机端部署的智能硬件具备强大的边缘计算功能，以分布式的方式实时对风机高频信号进行信号处理和特征提取等分析，同时可运行部分机器学习算法，实现对风机的健康评估和控制优化。风场端部署的数据分析服务器中运行 CyberSphere 模型管理环境，运行较为复杂和需要多数据源汇集的算法模型。同时承担模型的训练与优化功能，在不断积累数据的同时，以自适应学习等方式对模型进行优化，远程更新在边缘计算环境中运行的算法模型。

● 智能网络层：在风场端和远程监测中心建立风机和风场的镜像对称模型，实现对风机当前状态的对称性分析和全生命周期状态变化的管理。利用风机集群大数据，对风机进行集群对标分析和差异性的根原因诊断，提出优化风机运行的建议。同时，利用风机集群的历史数据进行知识挖掘，对智能分析层的分析模型进行不断优化和更新。

● 智能认知层：以大数据挖掘或专家经验中积累的知识为基础，分析风机或风场某个异常事件对运行安全和发电效率的影响，以整个风场的运营为目标建立损失函数，通过对多种应对策略的综合模拟评估提供能支持决策的洞察分析。

● 智能决策与执行层：对不同时间尺度的决策进行优化和闭环执行，如根据风功率预测和风机健康状态信息进行风机负载匹配的优化，以最小综合成本为目标，维护排程优化和运维资源调度优化。

通过算法环境支撑，完成抽象的计算资源管理，满足计算资源在实时运行过程中的弹性变化。同时，提供算法管理，实现先进的算法/模型管理和集成发布，满足业务系统在智能化方面不断演进的需要；满足算法/模型试验、调优、试运行及集成场控系统对数据处理的性能需要；通过计算任务管理，采用合理有效的计算资源分配、任务调度的策略，尽可能在有限的计算资源环境下提高任务完成效率。智慧风场系统运行结构概念图如图 2 所示。

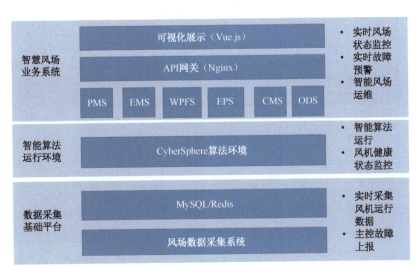

图 2　智慧风场系统运行结构概念图

（二）技术架构

1. 软件技术框架
- Vue.js 实现用户操作界面。
- Nginx 实现 API 网关和前端页面的独立部署。
- Spring Boot 开发后台业务服务。
- Redis 实现风机数据的缓存和快速读取。
- MySQL 实现数据存储。
- 风机前置机系统完成数据采集、预处理。
- 容器（Docker）方式部署，简化部署维护。

2. 算法及功能框架

通过对风场智能运维系统的需求梳理，面向不同的任务需求形成了一整套模型，构建算法实现及生产部署的功能框架。智慧风电相关智能算法包及其部分功能展示如图3所示。

图3　智慧风电相关智能算法包及其部分功能展示

3. 边缘计算技术框架

边缘计算系统采用 LabVIEW 软件开发实现针对风机信号的数据采集、数据传输、数据采集规则管理、算法部署环境、数据预处理、数据分析、模型远程管理、控制参数优化。

边缘计算软件通过对模拟数字 I/O、OPC 接口、TCP/IP 等接口的数据信号进行采集，送往前端的数据处理模块，对采集数据进行预处理分析、数据规则管理。同时，用户还可以利用软件对前端采集 I/O 信号进行配置管理，实现定时采集、远程触发等功能。在完成数据采集后再对数据进行信号分析和特征提取，并利用机器学习算法搭建模型，经过边计算后推送给数据服务接口。另外，风场集控管理平台还可以通过通信接口对边缘计算模型进行模型优化和模型管理。边缘计算软件架构设计如图4所示。

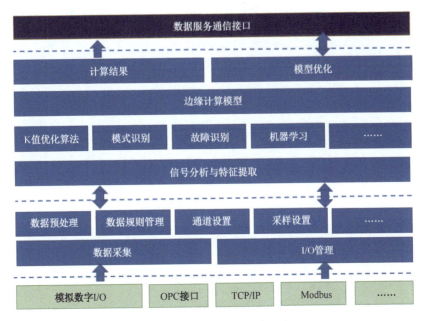

图4　边缘计算软件架构设计

（三）系统功能

1．软件功能

智慧风场的核心在于通过智能感知、智能算法分析，对风机设备状态的精确评估，对风机环境状态精确预测推演，最终实现对风机的运维调度、排程和执行管理决策优化。

2．集成化生产管理系统（PMS，Production Management System）

基于风机运行数据和其他系统数据的集成化生产管理系统，满足对风机数据的整合和监控，同时提供对数据的分析、可视化及相应的扩展功能。

用户可以简便地通过界面得到重要的运维信息，并进行操作，比如风场实时监控、风场任务跑马灯、远程控制、风机健康度评估、风机健康蓝图、日志报告、集群对标分析及根原因诊断、风机运行趋势图等。风场层面运行监测界面如图5所示，风机层面运行监测界面如图6所示。

3．集成化风功率预测系统（WPFS，Wind Power Forecasting System）

集成化风功率预测系统（如图7所示），具备高精度数值气象预报功能、高性能算法模型、网络化实时通信、通用风电信息数据接口等高科技模块，准确预报风电场未来72小时功率变化曲线。可提供短期/超短期风功率预测、气象风速预测、模型误差统计、上报结果查询等。

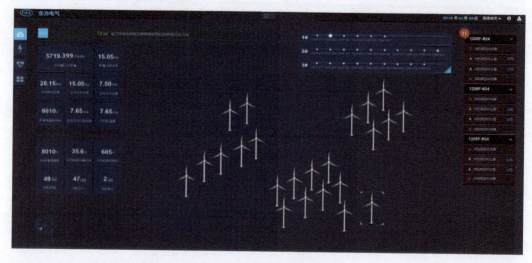

图 5　风场层面运行监测界面

图 6　风机层面运行监测界面

4．集成化能量群控系统（EMS，Energy Management System）

集成化能量群控系统，能快速协调并优化风力发电机组、功率管理设备，完成电力系统调度指令，确保电能质量，降低能量损耗，优化设备工况，实现综合效益。系统控制拓扑关系如图 8 所示。

5．集成化振动状态检测系统（CMS，Condition Monitoring System）

集成化振动状态检测系统，符合《NB/T 31004-2011 风力发电机组振动状态监测导则》等标准的规定，是风场集控管理系统的重要组成部分，通过对振动传感器信号进行数据采集和分析，实现对部署风机运行状态的实时监测、预警诊断和管理。

该过程包括：数据采集规则设置、数据传输、数据预处理、振动信号处理、自动化实时分析流程及自动报告生成。智慧风电系统能量管理主界面如图 9 所示。

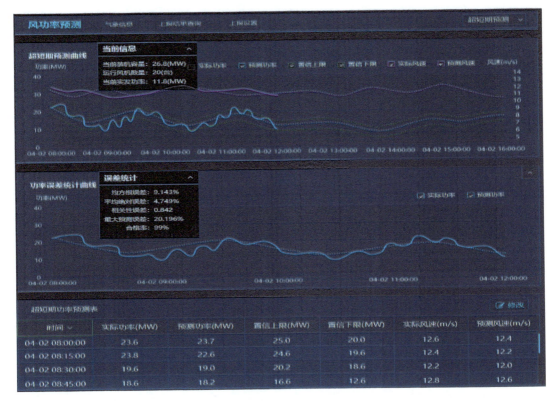

图 7　集成化风功率预测系统

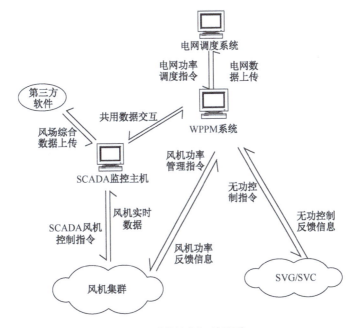

图 8　系统控制拓扑关系

制造升级篇 **189**

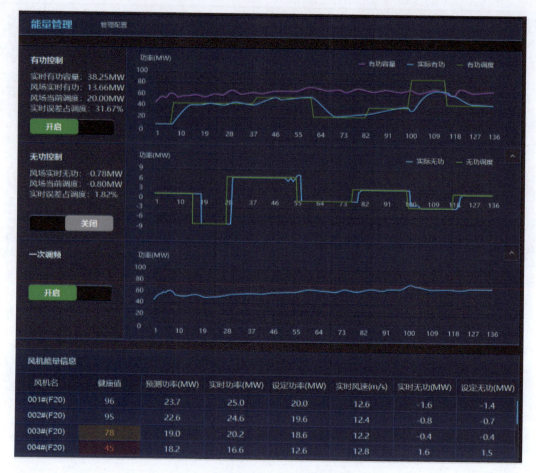

图 9 智慧风电系统能量管理主界面

6. 集成化设备状态预警系统（EPS，Equipment Status Predict System）

集成化设备状态预警系统，使用人工智能、机器学习、数据挖掘、信号处理、统计分析技术，提供风机及关键大部件故障预警、故障识别、寿命预测功能。使用毫秒级、秒级、分钟级采样的运行数据对机组、子系统、核心部件的健康状态进行监测、预诊和诊断。

常见的部分功能包括：发电机健康状态预诊与诊断、叶片健康状态预诊与诊断、齿轮箱健康状态预诊与诊断、测点异常度分析、测点的偏差和风险值计算。

7. 集成化智能运维决策系统（OMDS，Operation Maintenance Decision System）

风场智能运维的核心是在对设备状态精确评估、环境状态精确预测和任务状态精确推演的基础上，对风机运维的调度、排程和执行，进行管理决策的优化，包括风场的运维策略优化和风场的排程优化。

8. 模型监控管理系统（CyberSphere）

CyberSphere 是灵活、高可用的企业级算法模型执行引擎，服务于工业智能算法，为构建高性能的工业智能化生产环境而设计。提供了全面的模型执行管理、模型及环境监控分析、全面的安全体系及直观的图形化管理界面等。模型监控管理系统如图10所示。

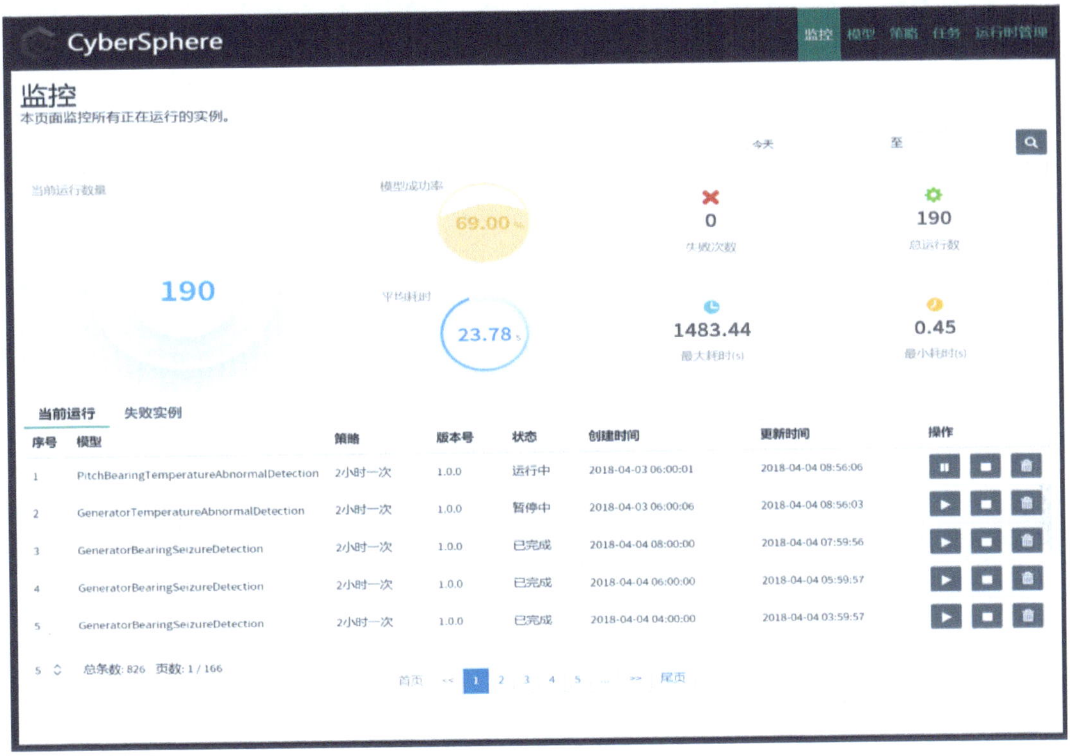

图10 模型监控管理系统

四、稳扎稳打，步步脚印

该项从立项审批启动，经历需求调研过程，最后以整体开发落地。需求调研主要是探索用户需求的过程，主要任务是进行风场业主需求分析和客户需求分析。开发过程需要分步进行，首先进行系统设计，包括系统架构设计与功能设计，之后进行系统开发。该步骤需要在软件功能及算法功能层面进行，开发结束后需要进行系统测试、UAT测试、仿真环境验收，以及系统功能和模型优化，最后进行风场环境验收。

五、经受考验，效果显著

基于CPS架构的智慧风电系统目前已经在东方电气望江坪风场被部署和测试，实现对风机叶片、传动链、偏航、变桨、测风仪、发电机等核心大部件的故障预测，大部件故障预警准确率超过85%。风功率预测功能可实现对未来72小时风场功率的预测，均方根误差低于15%。风场运维计划优化功能结合风功率预测结果对任务队列进行排程优化和资源调度优化，可降低30%的综合维护成本及发电功率损失。

案例20　中车青岛四方在智能轨道交通服务领域的 CPS 应用

摘要

本方案基于 CPS 的 5C 技术体系架构，开展了高速列车轴箱轴承故障预测与健康管理项目，通过 PHM 故障预测与管理、数据驱动的分析技术、多源混合信号的高速并发采集、振动分析算法以及边缘计算等核心技术，进一步提高车辆运维的安全性和经济性，提升技术创新能力，助推中国高端装备走向世界。

前言

中国中车青岛四方机车车辆股份有限公司（简称中车青岛四方），是中国主要的高速动车组整车生产厂商之一。作为中国中车的核心企业之一，其轨道交通车辆产品已出口超过 20 个国家和地区。本方案所使用的主要技术包括信息物理系统（CPS）技术，以及数据驱动的故障预测与健康管理技术。其中，CPS 技术主要承担了集成与应用环境的功能，分为 5 个层次的构架，即智能连接层、信息转换层、网络层、智能认知层和智能决策层。将 CPS 的 5C 架构映射到一个软件平台或者物理系统当中，从而实现了车辆运行安全性的提升，并且提高了车辆运维经济性，增强了企业的服务与创新能力。

一、提升安全性与经济性，保障中国高铁的高价值可持续运营

中国高速铁路在过去十年间连续保持高速增长。截止 2017 年底，中国高铁的总长度已经达到 2.5 万千米，中国铁路拥有动车组 2 935 标准组。"十三五"期间，中国高速铁路仍将保持快速发展，高速铁路网将从"四纵四横"进一步扩展至"八纵八横"，高速铁路营业里程达到 3 万千米，覆盖 80% 以上的大城市。高铁的飞速发展，离不开中国在技术领域的持续突破与创新。

2016 年，中国启动了科研计划重大专项《轨道交通装备故障预测与健康管理技术研究及应用》研究，其中，中车青岛四方承担了动车组子课题的研究及应用。

一是研发动车组车载 PHM 系统对车辆运行状态进行实时监测，对可能出现的故障进行诊断、预警和预测，避免影响车辆运行安全的重大问题发生，从而提高车辆运行的安全性。

二是研究动车组的检修方式向状态维修、预测性维修的转变，降低运维成本，增强企业服务能力，从而提高车辆运维经济性。

二、轴箱轴承的状态监测与健康管理，开启高铁智能运维模式

轴箱轴承是高速列车装备的核心关键部件之一，是动车组转向架系统的关键旋转部件，轴箱轴承的健康状态是动车组运行安全的重要保障。中车青岛四方正在开展轴箱轴承的故障预测与健康管理（PHM）系统研究，以确保其平稳、安全和高效运营。

开发针对轴箱轴承的 PHM 系统，对进一步提高车辆运维安全性和经济性具有非常重要的意义。通过车载 PHM 系统进行高速数据采集，用边缘计算技术将数据处理成有效的信息，传输到地面中心，用户可以运用模式识别算法等实现远程的数据采集方案配置，并且对数据进行分析，最终实现对轴箱轴承故障的诊断、预测及健康管理。

三、建设高铁轴箱轴承 PHM 系统，引领更安全、更可靠和更经济的高铁运营

（一）技术方案

1. 整体架构

轴箱轴承 PHM 原型系统基于 CPS 技术架构搭建而成。CPS 技术主要承担了集成与应用环境的功能，分为 5 个层次的构架，即智能连接层、信息转换层、网络层、智能认知层和智能决策层。将 CPS 的 5C 架构映射到一个软件平台或者物理系统当中。CPS 整体架构如图 1 所示。

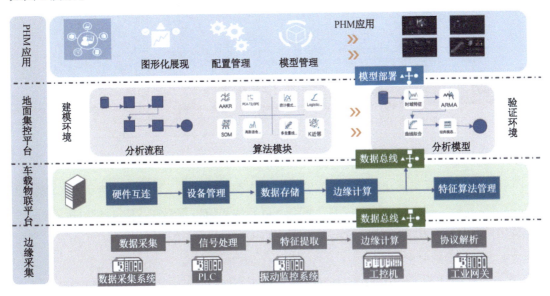

图 1　CPS 整体架构

最底层是边缘采集和边缘处理，针对接入的工控设备、CMS 设备或者工业 PC 等，通过统一的 IoT 软件环境，从信息来源、采集方式、管理方式上保证了数据的质量和全面性，建立支持 CPS 上层建筑的数据环境基础。

在车载物联网平台，对数据进行特征提取、筛选、分类和优先级排列，保证数据的可

解读性。同时,该平台也负责整个数据中心的通信,把分析的结果传至数据中心。

地面集控平台通过对管理对象的镜像模型进行集群的监测,同时能够管理每一个车载运行的模型终端。当产生了新的知识后,再进行优化和迭代。以此实现"一机一模型",即对每一个设备,都可以利用产生的数据开发针对其有效的模型。

PHM 故障预测与健康管理应用层,可以进行数据化的展现,比如大数据报表系统,以及与 ERP 系统对接,实现从信息到决策的数据流转。

2. 核心技术点

1)PHM 故障预测与管理。

PHM 的核心是一个包含各类智能算法来进行设备状态预测建模功能的智能计算工具。数据驱动的 PHM 技术的分析流程包括 6 个主要步骤:数据采集、特征提取、性能评估、性能预测、性能诊断、结果同步和可视化。分析流程图可以用图 2 概括。

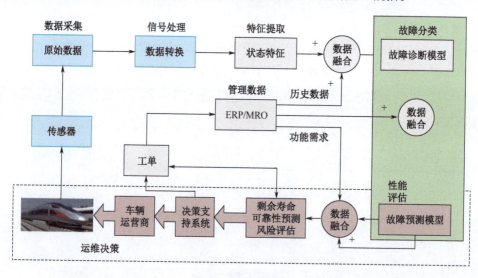

图 2　分析流程图

从原始的数据采集到从数据中提取跟设备状态相关的特征,再基于机理模型、数据驱动的模型等分析,把原始数据变成剩余寿命、可靠性和趋势预测等,从这些数据再到运维过程当中与 MRO/ERP 系统进行对接,这就是 PHM 分析的基本流程。

2)数据驱动的分析技术。

在对数据驱动方法的原理进行阐述之前,首先要解释"特征"这个重要概念。特征:从轴承的温度、振动等监测信号当中抽象提取出与判断某一事物的状态或属性有较强关联的可被量化的指标。例如,在轴承的振动监测信号中,不同的故障模式对应了不同的包络谱频率上的幅值,而一些先进的信号处理手段能够对这些故障特征进行降噪和增强。然而仅仅依靠几个特征是不够的,即便是同一个信号中,例如从一个振动传感器中采集到的振动信号,依然可以提取多个特征,数据驱动的 PHM 算法正是通过对高维大数据的融合分析来建立健康状态模型的。这些特征之间存在一定的相关性，其变化情况也有若干种不同的组合，将这些组合背后所代表的意义用先进的机器学习和人工智能方法解析出来，就是我们进行建模和预测的过程。

从分析的实施流程来说，数据驱动的智能分析系统采用了如图3所示的分析框架，包括6个主要步骤：数据采集、信号处理、特征提取、性能评估、性能预测、性能可视化。

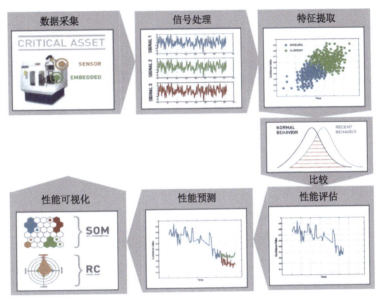

图3 以PHM技术为核心的工程数据分析流程

整个过程需要结合大量的机械背景和原理，从机理模型的角度出发，基于很多传统的机械监测、振动分析的方法，进一步使用机器学习等方法完成整体PHM方案。从现实结果来看，这也确实保证了方案的实现效果。

3）多源混合信号的高速并发采集。

为实现对轴箱和轴承故障的精准定位和识别，需要尽可能多地从不同维度采集尽量多的数据。针对高铁列车转向架的轴箱和轴承做PHM，解决方案提供商采集了多路高速的振动信号、转速信号、温度信号等。高铁一辆车有8个轴承，共使用了8个振动温度复合传感器、4个转速传感器，采样率设定为25.6kHz。采样的方法为连续采样，每段采样时间为20秒，连续不断进行，以此保证每一秒的数据都能得到采集。这样就会有百兆级别的数据量在网路中实时传递，这对采集设备和数据管理策略带来了极大的挑战。在这个过程中，通过开发数据采集程序，同时在车载服务器端进行数据管理的方式，满足以上较严苛的需求。

4）振动分析算法。

列车运行的情况千变万化。首先，从速度上讲，速度从刚起步到全速运行，再到每小时350千米，其中的故障特征频率和能量级别都是千差万别的，这就要求我们的算法能够自适应各种不同的工况。该项目所采用的阶次跟踪算法可以自动匹配不同的速率，并且可以自动选择频带范围进行分析，对复杂的全频带运算做了极大地简化，可以尽可能节省边缘计算节点的计算资源，提高计算效率。

这些算法在优化前，使用高性能的台式计算机的情况下在通用数学工具 MATLAB 中完成运算，至少要耗时 30 余秒；而通过边缘计算平台，结合 FPGA 和实时操作系统方案，将计算时间压缩在 5 秒以内，保证了特征提取的实时性。在振动分析算法上的能力，是完成这套系统的关键。

5）边缘计算。

如果将所有数据传递到中央服务器做运算和处理，不仅是传输带宽的问题，更多的是计算压力的集中，导致服务器的性能要求极高，并且多组并发的计算请求和数据传输会造成大量的拥塞，更多会导致极大的延迟，这是我们不想看到的。为了解决这个问题，采用了分布式计算架构，开发了性能强大的边缘计算服务，用边缘计算节点在贴近设备的边缘端对数据做较直接、较快速的处理。

在边缘端部署了经过精简优化的特征提取算法，针对每个振动信号提取多达 16 个特征，将百兆级的原始数据转化为每二十秒推送一次的 Kb 级别的数据。不仅在数据传输效率上实现了巨大的提升，并且极大地释放了中心服务器的计算压力。在传统的话语环境中，"数据传递"经常被提及。但是实际上被传递的并不是数据，而是数据的价值，只有数据被提取出价值，然后将价值再向下传递，在系统中实现的过程，才是真正的意义所在。

通过这种价值传递方式，为整个系统的扩展提供了广泛的可能性，只需要添加更多的边缘计算硬件，就可以采集更多的数据，部署更多的边缘算法，实现对更多设备和更大范围（如整个牵引系统、整个列车等）的在线监测，同时也具备了提供相应的系统 PHM 的能力。信号处理的过程如图 4 所示。

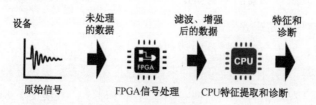

图 4　信号处理的过程

3．功能描述

1）在线监测轴承的健康状况。

通过对轴承运行数据的实时采集与分析，用户可以通过 PHM 系统进行远程实时监测轴箱、轴承的运行状态和健康状况。同时，利用轴承状态监测大数据对设备故障的发生过程，并进行建模和预测。

2）识别轴承的早期、中期、晚期故障。

车载 PHM 系统采用人工智能训练的模式识别模型，通过信号处理、增强和去噪技术识别轴承早期、中期、晚期的故障，并可诊断出内圈、外圈、滚子和保持架四种故障模式，以及健康、轻微故障、中度故障、严重故障四种状态。

3）远程部署和配置 PHM 算法。

通过将模式识别，包括实时预测等算法嵌入到地面数据中心中，用户可以实现远程的数据采集方案配置，并且可以对其中疑似故障的原始数据进行按需采集，同时在远程端运用机器学习的算法，分析数据。

这个架构实现了分布式状态监测分析，与集中式的数据挖掘决策支持相互融合的轴箱轴承 PHM 的整体解决方案。远程地面中心的方式为运维管理人员提供了更高效的工作方式。地面中心的算法研究人员可以远程实时验证自己的算法的有效性。运维管理人员可以从更宏观的视角看到车辆的信息，结合运维建议制定更合理的策略。动车组轴箱轴承地面 PHM 开发平台可视化界面如图 5 所示。

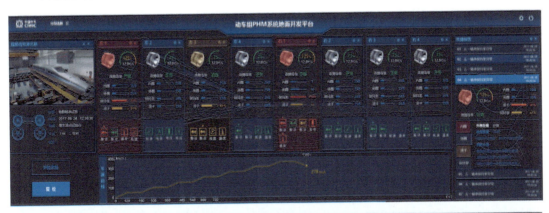

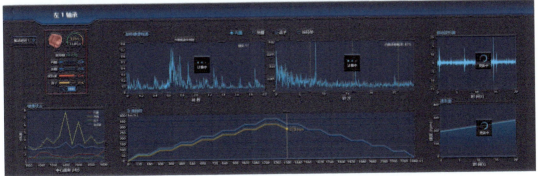

图 5　动车组轴箱轴承地面 PHM 开发平台可视化界面

四、应用效果

经过 1 年多的研发，车载 PHM 系统的样机开发已经初步完成。现在，轴箱轴承 PHM

系统已经完成了在整车滚动综合性能试验台、测试环线上的试验验证，对轴承故障识别的精准率超过 90%。目前已经完成 20 余种故障模式识别模型，可以精准识别故障模式和状态。

五、推广轨道交通智能维护创新模式

轴箱轴承 PHM 的率先实施仅仅是一个点。在此之后，将由点及面逐步扩展，实现转向架系统、牵引系统、制动系统、车体系统、门系统等的预测性维护，从而有效提高车辆运维安全性与经济性。基于 CPS 架构的实时在线监测及预测性维护解决方案，为实现更加智能化的理想未来提供坚实的保障，助力中国打造节能、环保、智能化的列车，为乘客提供更安全、更绿色、更舒适的乘车体验。

案例21　北汽新能源在汽车精益生产领域的 CPS 应用

摘要

在基于系统级 CPS 的智能制造物流系统（MES&WMS）案例中，该系统级 CPS 基于多个单元级 CPS 的状态感知、信息交互、实时分析，实现了局部制造资源的自组织、自配置、自决策、自优化，同时还包含了互连互通、边缘计算、数据互操作、协同控制、监视与诊断等功能。针对基地生产计划、制造过程、生产物流配送、生产制造质量和成品管控等五大领域实现了全面的精益生产智能化管理。可以说，建立以 CPS 为核心的智能生产系统，为各基地产能提升和品质提高提供了有力的支撑。

前言

北京新能源汽车股份有限公司（简称北汽新能源）成立于 2009 年，是世界 500 强企业北汽集团旗下的新能源公司。此次结合中国制造业转型升级的产业政策，在智能制造转型升级中依据系统级 CPS 的"一硬、一软、一网"的核心技术，通过集成先进的感知、计算、通信、控制等信息技术和自动控制技术，构建了物理空间与信息空间中人、机、物、环境、信息等要素相互映射、适时交互、高效协同的复杂系统，实现系统内资源配置和运行的按需响应、快速迭代、动态优化。

一、应用系统级 CPS，开发新一代智能车

本案例是系统级 CPS 在汽车制造行业的典型应用，通过实施北汽新能源 CPS 案例，建成了支持汽车制造物流准时化及大批量多车型、多配置混线生产的现代化智能产线，构建了一个以泛在感知和泛在智能服务为特征的新一代汽车生产环境，将各环节传感器、智能硬件、控制系统、计算设施、通信设备、信息终端构成的单元级 CPS 连接成一个智能网络，构成系统级 CPS，实现了企业、人、设备、服务之间的互连互通，最大限度地开发、整合和利用各类信息资源、知识、智慧，实现了汽车生产装配的精益生产。在软件应用层，本案例的一大特点是智能移动终端在工业制造领域的大范围应用，减少了有线网络布线和工控机等部署，方便了人与设备的连接及后续终端点的扩容。手机 App 报表功能使得北汽新能源中高层管理人员不但可以随时随地了解企业各方面业务运行情况和宏观指标数据，而且可以实时掌握车间现场生产状态，发生异常情况时可以第一时间进行处理。

二、推进两化深度融合，共建智能工厂

为满足北汽新能源精益制造及准时化物流的要求，根据北汽新能源信息化建设的整体规划，需要建立一套全面、高效、协同统一的制造物流系统，以实现优化计划管理、作业指导信息化、生产过程可视化、库存信息透明化、支持生产装配柔性化及高效生产运作、

大批量混线的生产与物流模式。信息系统建设将围绕集团战略目标，实现工艺和设备运行技术、人的深度集成融合，提升全面感知、预测预警、协同优化、科学决策四项关键能力，以更加精细和动态的方式提升工厂运营管理水平，并推动形成新的制造和商业模式创新，为最终实现创立国内一流、国际知名的汽车品牌，为真正具有国际竞争力的北汽核心业务单元提供信息化支撑。

三、建设 FlexEngine 平台套件，引领新能源汽车制造转型升级

（一）技术方案

1. 整体架构

易往信息基于 CPS 的面向汽车行业的智能制造 CPS 整体架构如图 1 所示。

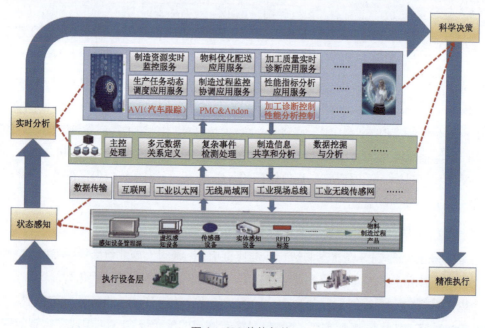

图 1 CPS 整体架构

本项目主要通过实、虚感知设备，RFID、传感器等多源感知技术实现状态感知，对汽车制造全过程中人、物料、生产设备、生产过程、产品及服务等繁杂信息进行采集，实现制造资源物物互感。其中，混杂动态环境下感知节点部署优化与非确定性过程协同感知机制是关键。本案例借助 AVI、PMC、Andon 等功能，实现了制造业中复杂物理过程实时地精确分析和控制，对制造业生产过程的反馈控制过程进行管理和服务，实现了实时分析和科学决策。状态感知、实时分析、科学决策、精准执行形成了一个反馈控制过程，构建了物理空间与信息空间高效协同的复杂系统，实现了制造业物理过程与计算过程的无缝融合。

实现精益化的生产制造，必须掌握两个核心，即整流化生产和标准化生产。北汽新能

源基地正好满足这两个基本条件,并且通过 CPS 体系得到落地。

2. 核心技术点

该项目的设计与实现,体现了系统级 CPS 的"一硬、一软、一网"三大核心技术,现对该项目的核心技术点分述如下。

工业网络及系统服务器架构(一网)。

根据业务需求,考虑到系统的扩展性、可靠性,项目组根据一些原则设计系统服务器架构。

1)系统架构基于 SOA 设计,组件标准化,松散耦合,粗粒度和共享服务,便于集成现有系统,降低维护复杂度,成为一个可扩展的智能服务平台。

2)所有硬件设备线路为冗余设计,外网防火墙隔离内外网,外网访问均通过此防火墙,有效防止来自外网网络攻击。

3)主要服务器均采取集群设计,实现负载均衡,并互为备份,具备持续服务和灾难备份能力。

4)使用外部存储设备,部署两台存储设备,一台为主存储设备,一台为备份存储设备,通过数据复制进行数据同步。

建成后的北汽新能源 MES&WMS 系统服务器架构图如图 2 所示。

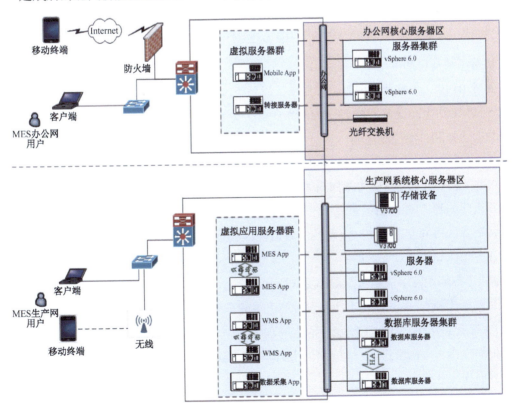

图 2　北汽新能源 MES&WMS 系统服务器架构图

该系统服务器架构是 CPS 核心技术要素"工业软件""工业网络"运行的坚实基础。工业软件 MES&WMS（一软）。

MES 与 WMS 是北汽新能源智能制造物流系统项目的核心工业软件，其相互之间及与 ERP、DMS、SRM 等异构系统进行了高度集成，共同构成了北汽新能源信息系统项目群，通过数据集成与业务协同实现状态感知、实时分析、科学决策、精准执行，各系统业务范围与数据交换如图 3 所示。

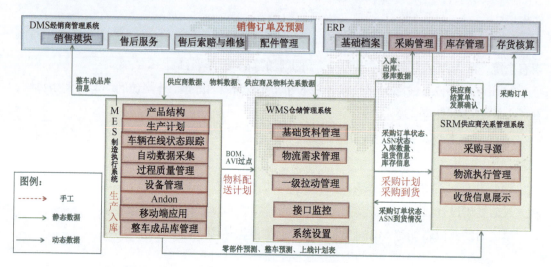

图 3　北汽新能源 CPS 项目中 MES&WMS 与其他异构系统互连

状态感知及自动控制（一硬）。

通过 RFID、传感器等多源感知技术，以及 PLC 等控制器，加上 AVI（车辆自动跟踪系统）、PMC（生产设备监控）、Andon（安灯）等功能模块，作用于人、设备、物料上，实现状态感知和自动控制功能。

3．功能描述

PMC 及 Andon 硬件架构图如图 4 所示。

北汽新能源 CPS 项目，实现了汽车制造过程中的设备状态及互连互通，以及人、物料与设备资源的协同互动，生产过程的有效监控，最终实现系统业务功能架构。北汽新能源 CPS 业务功能架构图如图 5 所示。

AVI（车辆跟踪）流程示意图如图 6 所示。

北汽新能源 CPS 中的 AVI 功能，对加工中的车辆进行了实时感知。

1）装配指示单打印：上线点自动生成车辆 VIN 码，并打印装配指示单，指导后续装配工位根据指示单内容进行装配，降低出错率。上线点 MES 终端如图 7 所示。上线点 MES 终端界面如图 8 所示。

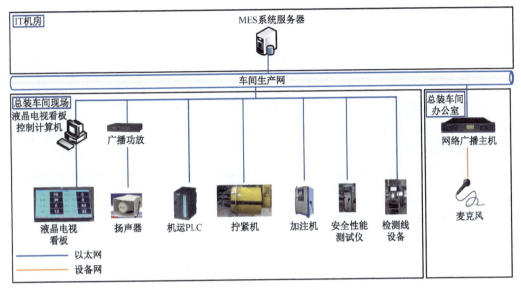

图 4　PMC 及 Andon 硬件架构图

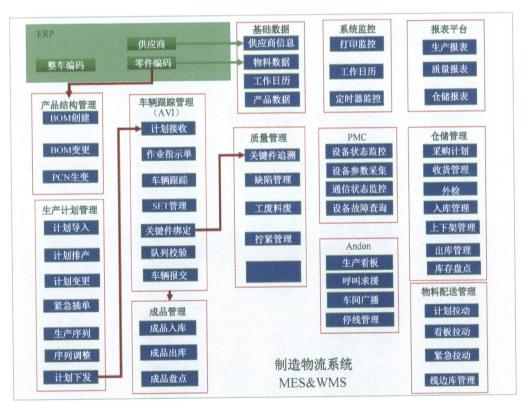

图 5　北汽新能源 CPS 业务功能架构图

制造升级篇　**203**

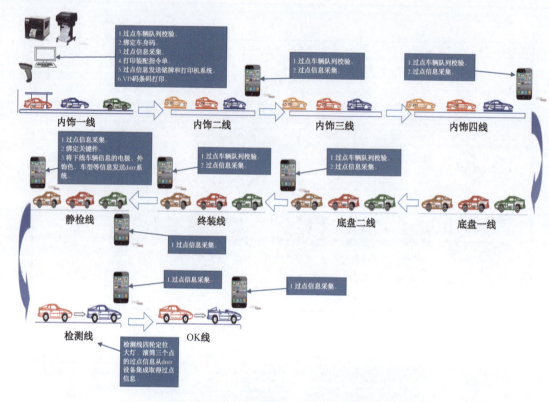

图 6 AVI（车辆跟踪）流程示意图

图 7 上线点 MES 终端

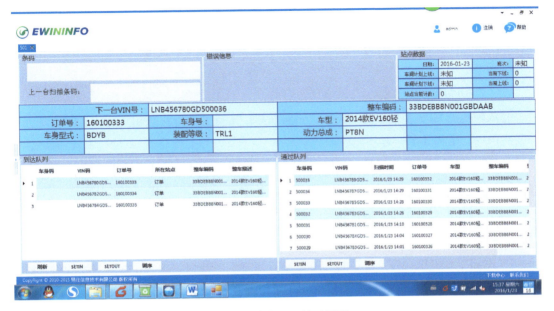

图 8　上线点 MES 终端界面

2）队列监控：通过移动终端扫描车辆 VIN 码，可供生产人员及其他工序设备实时监控和查询在制车辆位置。移动终端过点扫描如图 9 所示。移动终端过点扫描界面如图 10 所示。

图 9　移动终端过点扫描

图 10　移动终端过点扫描界面

制造升级篇　205

3）生产状况统计：系统自动统计车间实时生产情况，减少统计工作量。

4）关键件绑定校验：终装下线点通过移动终端进行关键件绑定，供业务部门进行质量追溯和查询。

PMC&Andon 模块功能。

北汽新能源 CPS 项目中的 PMC&Andon 模块，支持了设备状态和质量信息的实时感知和及时传输，该模块的主要功能如下。

1）机运线监控：获取总装车间两条机运线的运行、停线、报警信息，供各工序及设备部门及时获取机运设备状态。

2）车辆质量参数采集：通过集成拧紧机、安全性能测试仪、加注机和检测线设备，实时获取车辆生产过程质量参数，供质量部门进行数据分析和追溯。

3）车间生产大屏：系统在车间大屏上显示每日生产计划、各工段车辆下线数量、报交数量、月累计和年累计数量等，实现生产状况目视化管理，供车间生产人员和参观人员掌握生产情况。车间生产情况展示如图 11 所示。

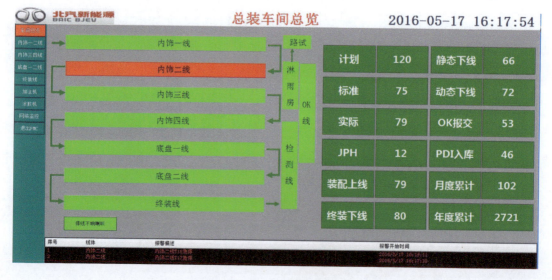

图 11　车间生产情况展示

其他各业务模块概要功能说明如下。

1）实现总装车间生产线的管理，以及与生产线关联的生产、作业等一系列内容的管理。

2）生产计划管理模块，支持实现按车型、颜色、电机型号等车辆特征的生产计划排序。

3）生产质量管理模块，质量问题实时反馈和长期历史记录。在生产过程中发生质量问题准确传递和及时处理，减少解决问题的时间，从而最终实现生产过程质量问题的准确传递和及时处理。

4）零部件库存管理模块，对零部件出入库、库存管理及盘点管理的功能实现，实现库存的移动化、透明化管理。

5）整车成品库管理，结合先进、先出理念及智能道闸，实现整车成品库现代化管理。

6）移动终端应用：使用移动终端管理在制品和质量问题，信息及时准确录入，业务人员及客户可通过移动终端实时查看生产、质量信息。

成品出入库流程及智能道闸硬件实现说明如图12所示。

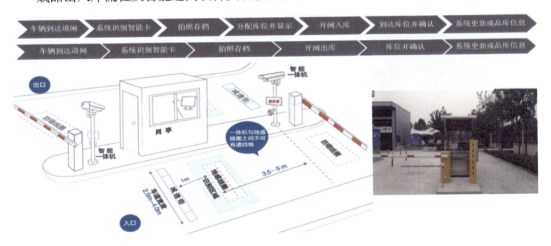

图12 成品出入库流程及智能道闸硬件实现说明

（二）标准化需求

对生产设备的运行状态信息、质量检测信息的采集与传输，如果能够形成统一的标准，将会大幅度降低异构网络、异构设备互连和状态感知的复杂度，提高项目实施效率，降低实施成本（例如，《汽车制造行业生产设备运行状态数据采集及传输标准》）。

四、应用效果

北汽新能源 CPS 项目，针对采育基地的生产计划、制造过程、生产物流配送、生产制造质量和成品管控等五大领域实现了全面的管理，从数据驱动、软件定义、泛在连接、虚实映射、异构集成、系统自治等方面进行了系统设计与实施。通过系统的实施，贯彻了北汽新能源精益生产的思想理念，实现了均衡生产，并使生产线具有柔性化生产制造的功能，最大限度地提高设备、人力的使用合理性和效率，该项目达成的主要效果如下。

1）在状态感知及自动控制系统软硬件支撑下，实现了多种车型、多种配置的批量同时排产和高效混线生产。

2）实现了物理空间与信息空间的有机融合：将生产、物流、质量等过程中的各种设备和工控系统与制造物流系统进行有机结合，做到数据传输与控制，并将 MES/WMS 与 ERP、

SRM 等系统进行数据集成，从而加强了工控系统与信息系统的整合，实现了信息的一处采集，多处使用，消除了信息孤岛。

3）取得了良好的经济效益：通过计划推动和生产拉动的方式实现精益化物流，实现同步供货与半同步供货方式拉动零部件需求，使物流系统运转更加流畅，各工位物料使用情况被实时监视，并能迅速响应，物料系统应能够支撑多车型混线生产，并减少因物料短缺而造成的停线。系统上线后，生产计划遵循率由 80% 上升到 95%，库存积压降低了 50%。

4）以此项目为主题的课题论文在 2016 年度北京汽车股份有限公司第三届生产技术研讨会获得了唯一的信息系统类技术领先奖。

五、推广意义

在新能源汽车制造业快速发展的大背景下，面对残酷的市场竞争，基于 CPS、支持混线生产的柔性生产及物流模式，以及移动化在汽车制造过程中的广泛应用，提高了企业对市场的响应速度，强化了企业的制造执行力，同时也使产品质量、库存成本得到了有效的控制，这是一条汽车制造行业转型升级，经过实践证明行得通的有效路径。

案例 22　博深工具在轨道交通制动装置质量检测领域的 CPS 应用

摘要

> 轨道交通制动装置材料领域下的 CPS，是在高铁闸片在逐渐实现国产化背景下，实施的面向高铁组重要消耗性关键零部件生产的智能制造项目。该案例通过对 13 个单元级 CPS 的建设，导入标准协议兼容、物理单元建模、数据互操作、异构系统集成等 CPS 共性关键技术，实现了在制品全流程的跟踪，生产过程数据的标签化，全流程工艺跟踪，全车间装备和生产信息的在线监测，通过实时的调度装备来控制生产，提升效率，提高生产柔性、资产利用率和产品产量，改善了生产流程和产品质量，成效显著。

前言

博深工具股份有限公司（简称博深工具）始创于 1994 年，是专业从事金刚石工具、轨道交通产品研发、生产及销售的上市跨国经营股份制企业。公司凭借自身多年来在高铁闸片和金刚石工具生产工程理论与实践上的优势，率先在高铁组重要消耗性关键零部件制造领域开展 CPS 研究，面向半流程型制造，以全流程质量管理为核心突破点，提出了轨道交通制动装置材料领域下的 CPS 解决方案，并圆满完成了项目建设。

一、互连互通实现工厂信息全方位打通

高铁闸片作为高铁组的重要消耗性关键零部件需求量较高，出厂合格率要求达到 100%，目前该部件的生产模式仍处于手工或半自动化状态，博深工具在行业内率先进行了 CPS 的应用探索。首先，通过对产品生产全过程中产品质量、设备状态及加工环境的感知来实时采集实际工况的生产信息；其次，通过信息系统对实时工艺参数及加工信息的分析，生成优化策略，为最终决策提供科学依据；最后，通过控制器、执行器等硬件设备实现对决策的精准执行及反馈响应。本方案通过对生产中的各个智能加工单元有机组网，实现互连互通，构成智能工厂，实现无人生产；物料及产品通过唯一条码标识，实现全程流转追溯，最终实现制造过程的质量防错、追溯、分析及预警等。

二、CPS 助力生产透明、高效

随着高速铁路的快速发展，其各项性能要求也相应地提高。在高铁运转的过程中，安全是最重要的环节，闸片是高铁制动过程的关键因素，为高铁的安全运行保驾护航。而且闸片属易耗件，需要定期查验更换，监管严格，一直以来都是被国外企业所垄断。国际上只有德国、法国和日本等少数几个国家能够生产高铁闸片，其中德国克诺尔公司垄断全球

80%以上高铁闸片的市场。中国高铁列车自开通以来，制动系统的闸片长期依靠进口，进口闸片普遍存在价格高、供货周期长、备品备件供应不及时和售后服务差等问题。高铁闸片在 2012 年前处于技术保护期，一直全部引进国外产品，近几年国内以博深工具为代表的民营企业逐步进入高铁闸片领域，存在很大的进口替代空间。截至目前，中国国内企业仅有包括博深工具在内的十余家企业通过了 CRCC 认证。

博深轨道交通装备事业部建立的智能工厂，包括轨道交通制动装置材料工程实验中心和高速动车组制动闸片产业化车间，总投资 31 599 万元，以 CPS 关键技术为主线，由智能配混料系统、智能压制成型系统、智能烧结定型系统、智能加工系统、智能装配系统、智能测量检测系统、智能物流系统、信息采集监控系统、智能生产调度管理系统、智能采供配置系统等单元组成。主要目标如下：一是实现生产单元的自我控制，达到无人生产，降低人工需求；二是建立生产信息管理平台，实现数据驱动下的生产系统的集成。

本案例目前已经建成有自动化设备群、智能物流、在线检测系统和以 MES 为代表的信息系统，不仅实现了机器换人，减少劳动成本，而且实现了高铁闸片智能化、柔性化生产。通过导入 CPS 关键技术实现了生产制造流程与物流流程透明、高效、智能的管理，并与设备通信，结合大数据、云计算等先进理念与技术手段实现了智能决策、智能调度、智能管理。同时提升了产品的质量，提高了生产效率，减少了材料的浪费，具有客观的经济效益和显著的社会效益。打破国外企业对中国高铁闸片市场的垄断，提供了更优质的产品和服务，推动国内高铁闸片行业的发展。

三、建设 CPS 智能工厂，实现全过程优化

（一）技术方案

本案例实现了高铁闸片的全过程管控，包含全流程生产的三条智能化生产线，例如粉料立库、全自动配料区、基体立库、冷压成型区、烧结区、模具立库、装配区、包装区、外协件立库、成品立库等，能够完成闸片从粉料配料、冷压成型、烧结热压、装配、包装、在线检测、成品入库等全部生产过程的智能化、无人化。高速动车组制动闸片产业化车间平面图如图 1 所示。

1. 总体架构

CPS 总体架构图如图 2 所示。

基于 CPS 的智能工厂总体技术构架包括以下方面。

1）设备层：通过在设备中安装各种传感器，实现数据的感知，同时安装数据采集器实现设备的 IP 化和智能化。将采集到的基础信息（产品的生产信息、立库的库位信息、设备状态、工艺数据、检测质量数据、物流信息等）通过工业网络上传到数据处理平台上，同时实现生产指令、工艺的下发。本方案中设备以智能生产单元的形式存在，单个生产单元本身具备实时数据感知、基础数据的过滤、去重和分析能力。

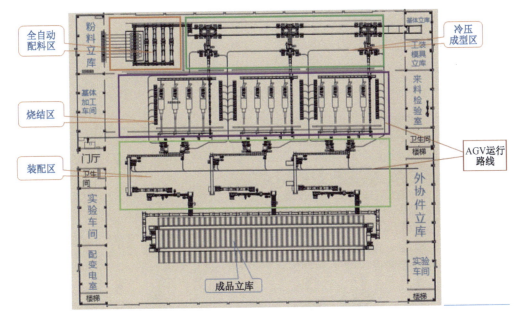

图 1　高速动车组制动闸片产业化车间平面图

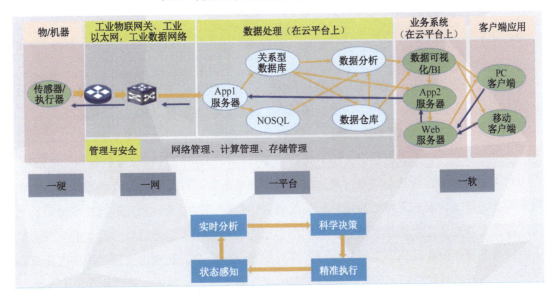

图 2　CPS 总体架构图

2）车间层：通过部署 MES、WMS、TCS 和在线检测系统，实现对生产线生产任务的管理、库存信息的管理、物流的调度管理和在制品质量信息的管理。在云平台上对数据进行实时分析,为最终决策提供科学依据,再由工业网络将决策数据传输到现场的智能控制单元,实现决策的精准执行。

2. 核心技术点

本方案基于 CPS 关键技术,实现高铁闸片的柔性生产制造,核心技术点如下。

1）生产信息的实时感知。

为生产加工设备加装智能数据采集网关，实现生产设备的 IP 化和智能化改造，构建智能生产单元，赋予生产设备通信能力。通过智能数据采集网关可以从设备中读取实时的生产信息，实现现场生产工艺信息和设备状态信息的采集。生产信息采集如图 3 所示。

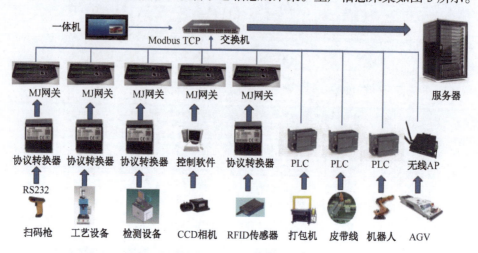

图 3　生产信息采集

2）实时数据的存储。

由于设备数量较多，实时采集的数据量庞大，将采集到的实时数据存储到数据库，连同时间戳一起存入数据库，作为历史记录保存，以便后续的数据分析使用。

3）数据的分析利用和决策支撑。

本方案实时采集的数据包含：AGV 运行状态数据和坐标信息、机械臂负载和位置信息、立体仓库堆垛车的运行状态信息、闸片的在线检测质量数据等。通过对实时数据的分析，判断设备的健康状况、质量的稳定性、工艺的合理性等，并对实时状态进行相应分析，可获知设备是否处于正常工作状态；或者利用采集的信号对相关部分进行分析，获取并对需要的信号进行相应的处理，如可将一段时间的信号进行汇总，比对历史数据库中的相关信号，对设备进行故障诊断，最终形成对工艺的优化建议和对设备的保养维修建议。

4）智能单元的精准执行。

云平台上工业软件经过计算之后给出决策指令，通过智能网关完成指令的下载，实现云平台对智能装备的控制，完成整条自动化生产线的智能化、柔性化生产，如图 4 所示。

5）生产信息的透明化。

建立 PC 客户端和移动客户端，可在多种终端设备中查看生产信息，通过曲线图、趋势图、柱状图和饼状图等图表，展示设备信息、质量信息和作业绩效信息，让工厂的运营人员及时、远程地了解工厂的生产情况。

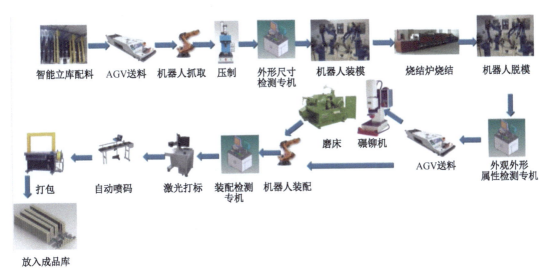

图 4　智能化生产线

3．功能描述

本方案涉及的模块有粉料立库、全自动配料区、基体立库、冷压成型区、烧结区、模具立库、装配区、包装区、外协件立库、成品立库等，能够完成闸片从粉料配料、冷压成型、烧结热压、装配、包装、在线检测、成品入库等，利用 CPS 关键技术实现全部生产过程的智能化、无人化。其中的主要功能描述如下。

1）智能生产单元，将协作共同完成一道生产工序的多台设备组成智能生产单元，智能生产单元可以接收生产指令实现快速换型，可以根据检测到的工件规格信息自动切换生产工艺，可以通过在线检测实现对工件品质信息自动判定。本方案形成了立库、冷压成型、烧结、装配、包装区等智能生产单元。

2）设备的互连互通，借助 CPS 的标准协议兼容技术，实现了异构设备的协议兼容、数据共享，实现了烧结热压、冷压成型和在线检测智能设备的有效集成。

3）工业软件集成，基于微服务和 SOA 服务框架，开发出了各业务系统信息传递的接口，将 MES、TCS 和 ERP 进行有效集成，实现系统间的信息集成，完成生产信息、物料流转信息的有效共享，实现生产的柔性化。如 WMS，即仓库管理系统，主要功能为入库业务、出库业务、仓库调拨、库存调拨和虚仓管理等功能。利用 WMS 系统，可以有效控制并跟踪仓库业务的物流和成本管理全过程，实现并完善生产线的仓储信息管理。本方案将 WMS 系统和 MES、ERP 有效集成，从传统的依靠经验管理转变为依靠精确的数字分析管理，从事后管理转变为事中管理、实时管理，加速了资金周转，提升了供应链响应速度，这些必将增强企业的整体竞争能力，如图 5 所示。

图 5　功能描述

四、实施效果

（一）推动企业转型升级

高速动车组制动闸片产业化项目的主要产品为动车组粉末冶金闸片，是动车组刹车系统的最后一道防线，是高速列车的关键核心部件之一。本方案采用先进的加工工艺及全自动智能化设备进行加工，具有科技含量高、经济效益好、资源消耗低、环境污染少等优点。以高速动车组制动闸片产品的产业化为切入点，带动企业向高端装备制造业转型升级，打造持续经营、快速增长、健康发展的博深轨道交通事业，创造国际轨道交通的中国智造。

（二）提升行业国际竞争力

本案例实施后，博深轨道将成为本行业内首例完成闸片智能化、柔性化生产的应用案例，不仅填补了行业空白，而且产品质量和技术性能达到国际先进水平；同时产品成本远低于同类进口高速列车制动闸片的价格。本方案的产业化和应用，不仅能较好地满足国内需求，打破垄断，而且其在国际市场上的综合竞争优势也非常明显，对推进高速列车关键核心部件的国产化发展进程，创造民族自主品牌，提高自主创新能力具有重要的意义。

五、推广意义

在高铁运转的过程中，安全是重要的环节。闸片的产品质量和技术性能直接影响到高铁的安全运行，其要求非常严苛。产品需要通过 CRCC 产品认证、装车测试实验后方能成为合格供应商参与投标竞标。闸片在装车运行中如出现任何故障，则下架全线产品，并重新进行 CRCC 产品认证。博深工具自主研发的高铁闸片制造工艺，通过 CPS 技术的探索应用，实现产品的实时在线检测，率先完成高铁闸片的智能化无人生产，杜绝生产过程中因为人为干预而造成产品质量的偏差，确保生产系统的高效、稳定和产品质量的一致、稳定，使闸片的安全可靠性得到进一步提升，并且降低了人工成本，使中国高铁闸片产业从跟跑世界同行到并跑，然后真正领跑。

案例23　山东育达医疗设备在系统自治技术领域的 CPS 应用

摘要

> 基于系统自治技术的病床生产在高端医疗装备领域下的 CPS 是在高端医疗装备长期被外资垄断的背景下，提出的高端医疗装备智能制造解决方案。该项目以单元级 CPS 实现系统自治，涵盖标准协议兼容技术、物理单元建模技术；以系统级 CPS 实现整个车间生产、检测、物流设备的协作，通过异构系统集成技术实现各系统自治单元的统一调度和管理。目前，该项目已经初步实现了设计目标，在病床生产的智能化、生产单元的自治、设备运维等方面成效显著。

前言

山东育达医疗设备有限公司（简称山东育达医疗设备），成立于 1998 年，是国内专业从事手术室设备和病房护理设备、医学影像设备设计和制造的公司。公司凭借自身多年在手术室设备等方向的系统工程理论与实践优势，在高端医疗领域率先开展 CPS 研究，面向高端医疗设备"生产自治"，以工业智能为核心突破点，提出了基于系统自治技术的病床生产在高端医疗装备领域下的 CPS，并取得明显成效。

一、打破高端医疗装备垄断，提高医疗装备运营效益

一直以来，中国欠缺高端医疗设备的设计和制造技术，本土企业集中在价值链中低端，每年付出数十亿美元购置国外设备来满足国内需求。在此背景下，如何提高医疗装备运营效益，已成为医疗装备运营企业生存发展的巨大挑战。一方面，需要借助自动化的生产手段，解决传统的以人工作业生产为主的现状，提高生产产量及生产效率；另一方面，需要借助信息化的运维手段，为用户提供定制化服务，解决以规模化的方式实现定制化需求的问题，降低运行与维护成本。

二、以数据为驱动力，打造数字化高端医疗装备

基于系统自治技术的病床生产在高端医疗装备领域下的 CPS 应用探索，形成设计、开发到产品制造的全程数字化体系，实现信息流、物流的全数字化管理，建立数字化生产车间，生产多功能高端智能医疗设备，通过贯穿全生产过程的在线检测系统，实时监测在制品的品质和设备的健康状况，提高生产效率，降低产品不良率，形成年产 6 万台高端医疗设备生产能力，实现智能制造在医疗设备领域的示范应用。通过本方案驱动公司智能制造全面升级，围绕提质、增效、降耗等目标，加强信息互连互通，共享共用水平，提高相关

单元间的协同配合与快速反应能力，加快以依赖人工投入为主的传统医疗设备制造业转型升级步伐，使定制化的产品更能适应柔性化产线及多元化市场需求。

高端智能护理设备制造智能化方案内容主要包括信息化建设和自动化建设两方面内容。通过提升和使用 ERP、MES、APS、WMS 等信息化系统，将产品的加工从订单排产、生产跟踪、质量追溯、智能仓储等生产的全生命周期进行信息化智能管理。另外，通过改进和建设配套的自动化产线，将本案例建设成为行业领先的智能制造样本。

本方案实施后，可提高国产高端护理床等产品在国际市场的竞争力。如果该技术能在国内广泛使用，将提高中国机械制造能力的整体水平和信息化管理水平，使中国高端护理床等产品制造能力跻身世界先进国家行列，并可带动其他医疗设备数字化生产的研发使用，从而整体提高国产医疗器械生产能力和产品质量，促使中国从医疗器械制造大国转变为医疗器械制造强国，为中国医疗器械制造行业起到示范作用。

三、建设工业信息化及自动化系统，引领医疗装备工业新发展

基于系统自治技术的病床生产系统级 CPS 方案主要针对 FO、FP 系列高端医疗床产品的生产制造。基于 CPS 关键技术体系集成育达医疗智能车间，实现"研发→生产→服务"的纵向集成，以及"供应商→育达医疗→客户"的横向集成，形成育达医疗智能制造参考模型，打造育达医疗智能工厂互连互通新模式。本方案建设内容主要包括：仓储中心、下料中心、钣金成型中心、冲压中心、焊接中心、表面处理中心、总装配线、成品库、物流系统、软件控制系统等单元级 CPS 建设。CPS 整体架构图如图 1 所示。各单元在管理平台的控制下，有条不紊，按照设计工艺流运行，将物流和工艺流完美结合，实现生产节拍的精准控制。

焊接生产线设于 H 栋厂房内，最右侧为原材料加工区，中间为焊接生产区域，左侧为焊接成品库，原料库与焊接区域通过 RGV 转运小车实现智能送料，如图 2、图 3 所示。

1. 下料中心

包括平面激光切割线和立体激光切割线（激光切管线）。平面激光切割线设有智能料库，实现自动上料，如图 4、图 5 所示。

2. 钣金成型中心

采用名优品牌产品，实现自动上下料，自动码盘，折弯机器人折弯，整个中心实现无人化，如图 6 所示。

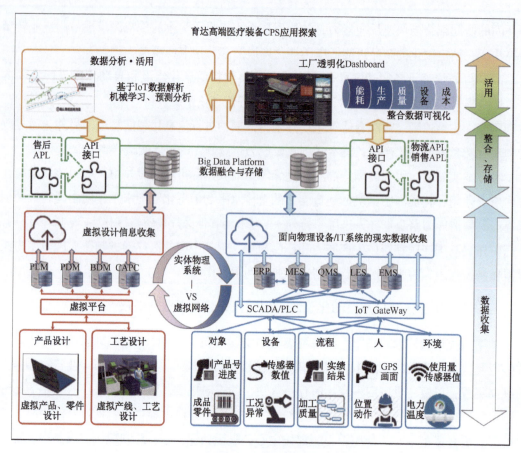

图1 CPS整体架构图

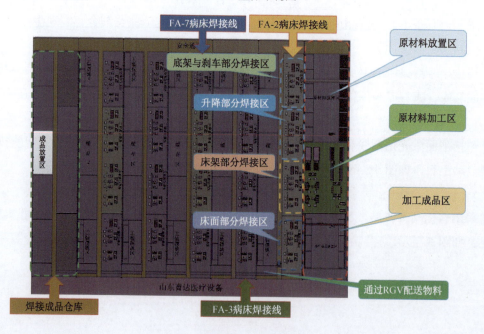

图2 焊接生产线分布图

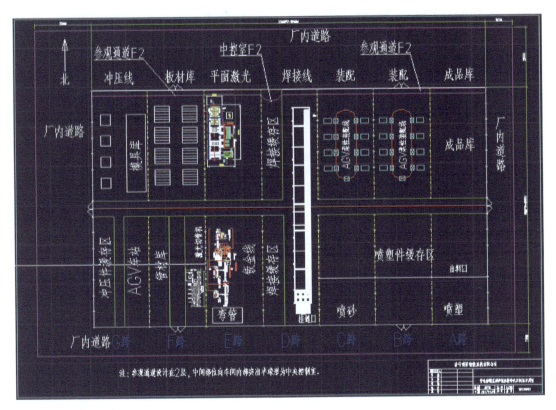

图 3　整体生产线分布图

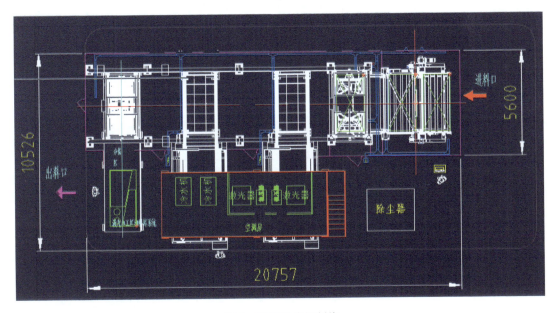

图 4　平面激光切割线

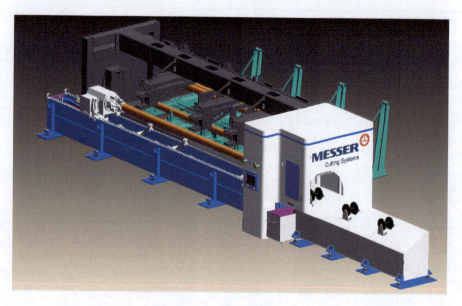

图 5 激光切管线

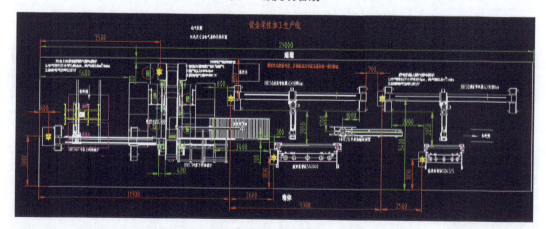

图 6 钣金成型生产线

3. 焊装生产线

焊装生产线由机器人焊接区域和物流系统组成，其中，焊接区域共计 14 个工位、FA-2 部件焊装工位共有 7 个工位，FA-3 部件焊装工位共有 3 个工位，FA-6 部件焊装工位共有 4 个工位。每个工位采用弧焊机器人进行焊接工作，上件采用人工方式上件，焊装夹具采用电控气动方式进行自动定位和夹紧工作，焊装完成的部件产品通过桁架机械手，自动抓件到贯穿整个焊装生产线的板链输送线上，进行末端的高速码垛和自动分类输出。焊装生产线如图 7 所示。

4. 总装线

设计为柔性 AGV 装配线，两条生产线由 18 台 AGV 组成。工作时，由 AGV 牵引装配小车在各工位间移动，完成工位的转换，实现了柔性生产的目标，如图 8 所示。

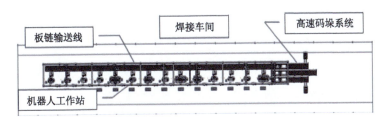

图 7　焊装生产线

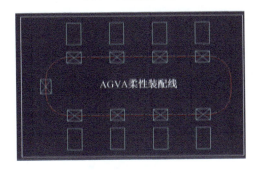

图 8　装配生产线

5. 基于工业物联网的智能工厂通信网络框架

育达医疗智能工厂工业物联网框架采用两层体系，分别为内部工业互联网构架和外部工业互联网构架。育达医疗智能工厂内部网络构架如图 9 所示。

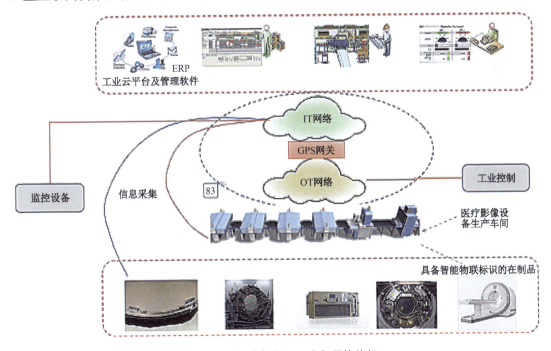

图 9　育达医疗智能工厂内部网络构架

工厂内部网络是在工厂内部用于生产要素及 IT 系统之间互连的网络，包括两层三级结

制造升级篇　221

构,即 IT、OT 两层网络和现场级、车间级、工厂级/企业级三个工厂管理层级。育达医疗内部框架分为五个主要环节。

1)工厂 IT 网络:针对企业管理系统、数字化产品设计信息及众多数量的生产、监控终端接入。采用 IPv4/IPv6 双栈网络。

2)工厂 OT 网络:采用工业以太网,在以太网向下延伸基础上实现智能机器、传感器、执行器等 IP 化。

3)数据采集网络:直接实现智能机器和在制品的连接,实现智能企业、传感器、在制品等生产现场设备、物品到 IT 网络的直接连接,从而实现生产现场的实时数据采集等功能,以实现企业管理的实时化管控。

4)基于 NB-IoT 的无线连接:生产现场的智能机器、在制品、传感器、物流搬运设备等通过 NB-IoT 实现连接。

6. 以数字主线贯穿医疗影像装备的设计、制造和运维

发挥三维设计与仿真、自主研发的优势,利用数字主线技术贯穿育达医疗影像设备的全生命周期。全面深入应用 MBD 技术,建立数字孪生模型,提供统一的三维数字化模型,实现概念设计、三维 CAD 设计、多学科性能仿真与优化、零部件加工及其现场可视化测试,以及最后安装和运维的一体化,如图 10 所示。

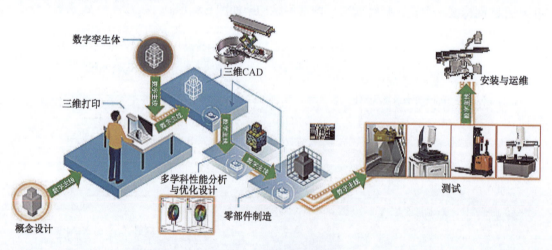

图 10 三维数字化模型

四、应用效果

本方案建设完成后,可以基于数字化模型实现仿真,通过绘制机械手末端在仿真过程中的运动轨迹,验证机械人按规划的轨迹执行作业的仿真过程。通过仿真分析,优化机器人的运动轨迹,实现连续平稳运行,机器人能根据规划路径到达规划点,过程中运动平稳,无剧烈的抖动现象,加速度小,且加速度无突变运转时,冲击不大。同时,本方案建设完成后,可实现物理空间中焊接生产线和信息空间中数字生产线同步动作。仿真效果

图如图 11 所示。

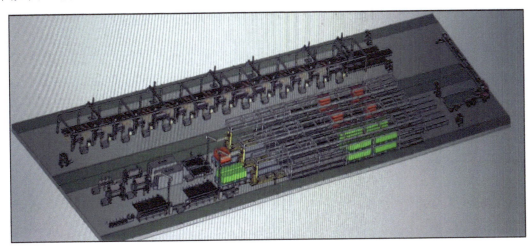

图 11　仿真效果图

五、医疗装备新生态

在方案的实施过程中，通过先进的 CPS 技术，实现了从产品设计到核心零部件生产、整机组装、物流、远程运维等全过程的自动化和智能化，以及全过程的实时质量监控，提高企业的信息化水平及管理水平，消除人工操作容易发生的错误，降低能耗，提高生产效率，对高端医疗设备生产质量安全控制具有重要意义。

本方案作为引领高端医疗装备智能制造发展的新模式，可在高端医疗设备生产领域内进行推广。

案例 24 华晶金刚石在异构系统集成领域的 CPS 应用

摘要

该案例通过信息技术与制造技术的融合及集成,实现虚拟仿真与调试、远程实时监控与调整、系统间互连互通等功能,更好地支持人机协同,实现高可靠性的产品制造过程。依托顶层规划的宝石级钻石智能化工厂,应用数字化技术提升生产与物流效率,通过先进的工艺技术及工艺方法实现钻石大单晶的数字化、精益化制造。

前言

郑州华晶金刚石股份有限公司(简称华晶金刚石)成立于 2004 年 12 月,是经国家科技部批准建设的国家超硬材料产业基地的龙头企业。近些年来,企业将关注重点放在大单晶金刚石生产制造领域的 CPS 应用探索上,融合集成信息技术与制造技术,打造了一个集智慧安全、智慧生产、智慧能效于一体的宝石级钻石生产智能制造工厂。

一、突破技术瓶颈,优化制造工艺,拥抱超硬材料市场

中国复合超硬材料行业发展所需的内部物质积累和外部市场需求均较为成熟,技术研发是当前制约行业开拓高端复合超硬材料产品市场的瓶颈之一。只有通过研发突破高端复合超硬材料的技术壁垒,实现与智能化的生产有效融合,才能与国际厂商进行全方位竞争。

通过生产环节、生产过程的有序和可视化、生产线的自动化与智能化、制造大数据获取与分析等几个方面对原材料生产过程进行精细化控制,挖掘材料优异性能和在其他领域的行业价值,拓展其在高精度领域的应用,才能真正实现金刚石作为一种功能性材料的核心价值。

二、以数据为驱动,突破超硬材料的制造技术瓶颈

针对大单晶金刚石生产制造的特点,以石墨柱的合成块工艺为核心,对大单晶金刚石的生产流程进行梳理、诊断和优化改进,以提升超硬材料制造过程智能化水平为重点,对大单晶生产现场感知与互连集成、生产大数据分析、能效监测与评估等宝石级钻石智能制造工厂方面的关键技术进行研究。整合超硬材料全生命周期中销售、生产、能耗等数据,研发生产管理平台,实现生产协同调度,完成超硬材料销售预测、生产计划优化调度、大单晶全过程质量追溯、生产能耗分析、生产能耗预测、生产用能远程控制等功能。实现生产管理全过程的状态可控,着力打造集智慧安全、智慧生产、智慧能效于一体的宝石级钻石生产智能制造工厂。

三、建设超硬材料智能制造车间，实现全流程工艺优化

（一）技术方案

1. 整体架构

本案例以华晶金刚石的原材料智能化生产改造项目为试点，通过 CPS 状态感知、实时分析、科学决策、精准执行的闭环赋能体系，解决生产过程中的复杂性和不确定性问题，提高资源配置效率。主要包括原料区、混料配比区、造粒区、压制区、烘干还原区、成品包装区、信息化管理区。整体架构图如图 1 所示。

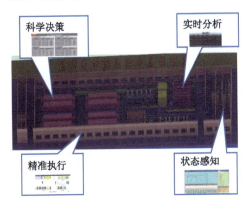

图 1　整体架构图

2. 核心技术点

针对大单晶金刚石生产制造的特点，以石墨柱的合成块工艺为核心，对大单晶金刚石的生产流程进行梳理、诊断和优化改进，以提升超硬材料制造过程智能化水平为重点，对大单晶生产现场感知与互连集成、生产大数据分析、能效监测与评估等宝石级钻石智能制造工厂方面关键技术进行研究，实现智能仓储、混料、造粒、压制、烘干还原、成品包装等全流程的协同调度，打造以"集成化、精益化、数字化、互连化、智能化"为特征的华晶钻石级宝石智能化工厂。

集成化：构建底层自动化设备或智能设备层、精益生产执行层、企业运营管理层、智能决策支持层五层架构体系，实现数据自底向上的无缝对接和实时反馈，实现公司战略、管理、执行的"自上而下与自下而上"的双向无缝集成体系。

精益化：通过推进以"精益生产"为核心的精益管理体系，深化精细化管理体系，优化生产与物流布局，减少生产过程与管理上的浪费，全面降低公司的生产成本，提升公司产品的竞争力。精益管理体系如图 2 所示。

数字化：以产品设计三维数字化模型为基础，构建起全新数字化运营体系，包括数字化设计、数字化管理、数字化供应链等，实现公司纵向与横向端到端的数字化应用。

互联化：发展"互联网+"技术，实现公司内外的"互联网化"改造，打通公司客户、内部、供应商之间的"互联网通道"，远期实现公司与外部客户基于互联网的紧密协同，以

及公司内部各部门之间的无缝协作,最终打造"互联化"生产模式。

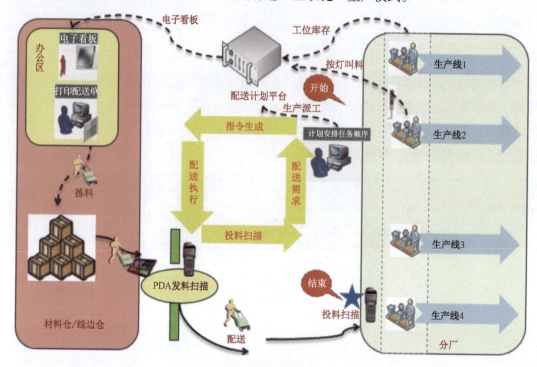

图 2　精益管理体系

智能化:以建设虚拟网络—实体物理系统为手段,通过虚拟系统的仿真分析指导物理系统的优化运行;通过大数据分析技术,支持企业运营决策;通过 MES 高级计划排产及柔性生产线(如图 3 所示)建设,实现满足客户定制产品需求的高效、灵活的混线生产制造模式。

图 3　柔性生产线

通过 CPS 关键技术体系实现超硬材料的自动化、智能化生产，通过智能单元、智能车间、智能工厂的层层递进，构建整个企业的智慧工厂。

（二）实施步骤

1）智能单元建设：在压机上加装智能网关，将压机改造成智能单元，采用智能物流与机械手协同合作的方式完成合成块在压机上的上下料，全程无须人员参与，实现制造单元的智能化、无人化。

2）智能车间建设：车间预计配置生产设备 80 台，分为四组。配备带机械手智能 AGV 二台，该机械手 AGV 不仅能实现粉末料转运过程中的无人化，也可将半成品石墨柱放入指定位置的烘箱进行烘烤，完成整个车间内合成块的转运，实现整个车间协同调度无人化生产。

3）生产环节的虚拟制造建设：通过三维虚拟制造手段，指导工艺设计、车间/生产线规划、生产过程优化，并用于上层系统展现，实现生产工艺的动态优化。

4）生产过程的有序和可视化建设：通过高级计划排程，大大提高了计划的合理性，计划和物流实现同步，同时生产过程实现透明管控。

5）生产线的自动化与智能化建设：包括智能物流及辅助设备、腔体设计与模具数字化制作、原材料数字化制作、合成棒料等其他配件自动化智能组合、智能及自动化棒料高温高压合成、数字化提纯、智能检测和智能识别等生产线的自动化与智能化建设。

四、实施效果

项目建成后，产能提高 10% 以上。自动化水平提高后，人员节约 60% 以上。形成大单晶金刚石专业化生产制造优势，提高市场占有率，促进企业提高创新能力和增强核心竞争力，实现企业跨越式发展的战略目标。

1）项目通过超硬新材料智能制造新模式的建设，将先进的超硬材料制造技术和管理思想转移到信息化系统中，并固化下来，辅助新材料企业转向生产和管理的强化之路，提高企业在同行业中的竞争地位，提升行业整体发展水平。

2）项目通过提高企业产品质量问题与质检数据分析能力，有效降低产品及零部件的制造质量成本，提升超硬材料行业计划准确度和生产效率。通过使用数据的集成平台、模块化和插件等，减少生成和维护物料清单的时间，提高工程开发效率，也有助于新产品的开发。

3）项目针对新材料生产产业能源利用效率低的问题，研究能耗感知、能效评估等相关技术，大大节约了材料制造生产中所需要的原料，降低了超硬材料生产企业的生产经营成本，提高了新材料生产企业能效和产品的竞争力，减少污染排放量，为保护环境，造福人类，建设和谐社会添砖加瓦。

4）项目通过安全生产信息化监管技术的研究，实现超硬材料生产企业安全管理工作信息化、规范化、高效化,进一步提高超硬材料生产企业的安全监督管理工作效率,构建安全生产综合监管长效机制,降低超硬材料产业安全事故发生率,为超硬材料产业快速、持续发展提供安全保障。

5)智能制造工厂车间环境和基于质量追溯的安全体系下,操作工按照计划在各自岗位上按部就班地进行工作,保证产品工艺执行顺畅。同时实施计划调度一体化,摆脱生产混乱和物料短缺的状况,保证了产品质量的稳定性和均一性。

6)项目实施对超硬材料生产制造企业具有典型的示范和推广价值,不仅能够提高超硬材料制造业生产率,促进超硬材料制造业发展,还能够为社会带来更多的就业机会,提高市场占有率及品牌效益,降低超硬材料企业生产和管理成本,提高企业管理效益。

五、推广超硬材料的工艺优化解决方案

利用CPS的关键技术实现对大单晶生产工艺的优化,通过生产环节的虚拟制造、生产过程的有序和可视化、生产线的自动化与智能化、制造大数据获取与分析等几个方面对原材料生产工艺进行优化,以提升金刚石材料的品级,挖掘其行业价值,拓展在高精度领域及行业的应用,通过以数据为驱动,突破超硬材料的制造技术瓶颈。

案例25　新北洋在柔性制造领域的 CPS 应用

摘要

> 新北洋自助终端和物流终端制造领域下的系统级 CPS，是在产品定制化生产兴起的背景下，面向小批量、柔性化、个性化生产模式提出的智能化解决方案。该 CPS 应用通过异构系统集成技术实现人、产品、信息系统和生产装备的有效融合，充分实现了生产制造的灵活性。包括产品模型构建、车间智能装备群建设、单元级 CPS 建设、生产信息系统建设、柔性装配单元建设共五部分，通过导入状态感知、实时分析、科学决策和精准执行的闭环制造技术，缩短了产品从设计到投产的周期，提高了生产线及生产模式的快速反应能力，成效显著。

前言

威海新北洋数码科技股份有限公司（简称新北洋）成立于 2007 年，是国内专业从事智能打印识别及系统集成的产品研发、生产、销售和服务的龙头企业，公司凭借自身在异构系统集成和边缘计算控制领域的理论和实践优势，面向智能终端类产品，以定制化生产为核心突破点，建设单元级 CPS，提出了自助终端和物流终端的智能化解决方案，并实现了小批量个性化定制，形成了规模化生产，成效显著。

一、突破传统的机械加工和整机装配困局，提高市场响应速度

随着产品定制的兴起，产品迭代周期越来越短，迫切需要传统制造业从大规模、大批量生产模式向小批量、柔性化、个性化生产模式转变，需要缩短产品从设计到投产的周期，需要生产线及生产模式能快速反应、部署。在此背景下，如何提高市场需求响应速度，已成为机械加工行业企业生存发展的巨大挑战。

二、以数据为驱动，提高机械制造行业装配效率

针对机械制造行业产品人工搬送，人工装配，作业强度高，产能效率低，产品基础数据维护粗放，生产计划不合理，生产数据采集不准确，零件种类多，工艺路线多样等问题，通过引入 MES 控制系统、PLM 系统，搬送 AGV、TCS 系统，实现人、设备、产品互连互通，以数据为驱动，达成定制化、柔性化生产，提升生产效率，降低作业强度。

三、建设以 MES 为中心的柔性生产系统，引领机械装配行业新发展

（一）技术方案

1．整体架构

1）建立车间工艺流程及布局数字化模型，通过模拟仿真，实现规划、生产、运营全流

程数字化管理,通过模拟生产加工,缩短产品从设计到投产的周期。

2)建立生产过程数据采集和分析系统,充分采集制造进度、现场操作、质量检验、设备状态等生产现场信息,通过车间制造执行系统实现数据集成和分析。

3)建立车间制造执行系统(MES),实现计划、排产、生产、检验的全过程闭环管理,并与企业资源计划管理系统(ERP)集成。

4)建立车间级的工业互联网网络,系统、装备、零部件及人员之间实现信息互连互通和有效集成。

5)建立柔性智能制造装备群,对现有设备进行升级改良,对离散设备进行整合成线体或环式流水线,对独立设备集中管理,形成加工簇群,使智能制造基层装备智能化。

6)建立柔性智能涂装系统,为了满足市场需求,个性化定制要求日益增长。增加中涂、面漆、清漆等机器人柔性化喷涂工作站。运用喷涂自动化等手段使自身具备更好的竞争力及市场快速响应能力。

7)建立自动化装配系统,增添以优化装配质量,轻量化劳动强度为目的的自动装配设备及助力机械臂等设备,使装配过程更加便捷。

8)建立整机柔性总装系统,针对电子信息产品品种多、个性化定制的自动装配设计,形成装配流水线,引入由 AGV 和激光叉车组成的柔性装配线,大幅度提升装配速度。

CPS 整体架构如图 1 所示。

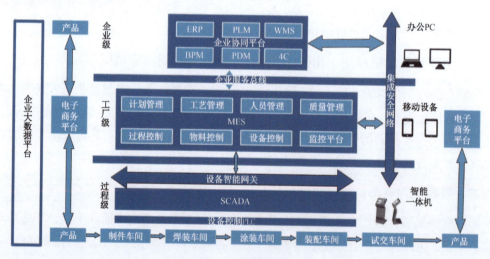

图 1 CPS 整体架构

2. 核心功能

运用叉车式 AGV 根据制造执行系统的排产和生产需求,自动进行物料配送。把传统的机加工单站式加工机床有机地串联在一起,打破了传统的点对点的物料配送模式。

真正实现无级无序的生产,一工站对多工站和多工站对多工站配送的无缝式物流运输方式。通过激光叉车 AGV 配合搬运 AGV,实现生产线的柔性组合和快速布局,为多工件的兼容和柔性生产提供装备群的支撑。

3．功能描述

业务层面主要面向对象为 MES 系统生产人员和系统管理员，主要实现生产运营管理。涉及到的子系统主要为工厂仿真、高级排产（APS）、AGV 配送等。工厂仿真主要实现工厂生产数据和生产现状的模拟；高级排产实现了集团内基于人、机、料、法、环五大生产因素的物料供需平衡，以及生产计划优化和调度管理；AGV 配送负责与 AGV 平台进行对接，驱动 AGV 小车进行物料配送。

（二）实施步骤

1）解决方案设计阶段。

根据新北洋企业要求及行业特点，进行智能化和柔性化生产系统的详细设计。

2）体系工程建设阶段。

创建 CPS 体系架构，梳理企业当前的技术问题及对应的解决措施，落地实施柔性化生产线感知和自动控制硬件、工业软件、工业网络组成的 CPS 框架体系，并在工业软件平台上进行重点攻关，同步开展企业实践验证工作。

经过企业的示范带动作用，将行业柔性化生产系统解决方案在机械加工装配行业进一步推广，由机械加工装配端向机械加工设计辐射，为机械加工装配柔性化、智能化的信息物理深度融和打下基础。

3）优化升级。

通过持续改进，实现企业设计、工艺、制造、管理、监测、物流等环节的集成优化，采用网络技术、大数据技术实现企业智能管理与决策，实现企业协同制造，全面提升企业的资源配置优化、操作自动化、实时在线优化、生产管理精细化和智能决策科学化水平。整体生产线分布图如图 2 所示。

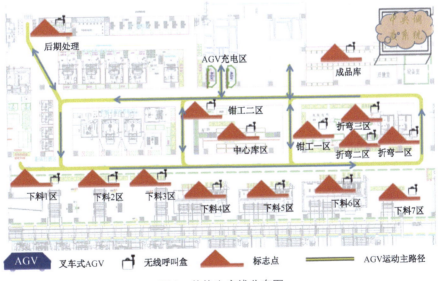

图 2 整体生产线分布图

四、应用效果

（一）现场效果

本项目通过建立车间工艺流程及布局数字化模型，创建信息空间与物理空间的虚实映射关系进行模拟仿真，实现规划、生产、运营全流程数字化管理，通过模拟生产加工，缩短产品从设计到投产的周期。现场效果图如图3所示。

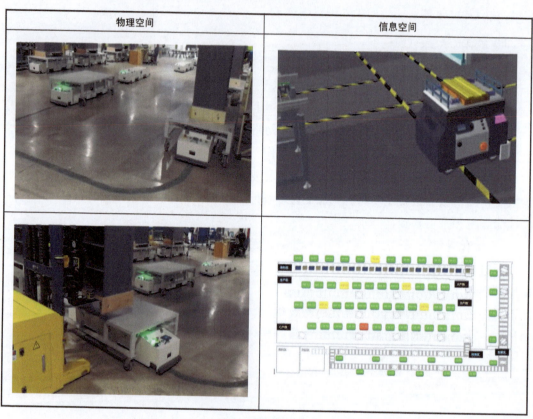

图3　现场效果图

（二）产能分析

本项目由34台AGV混合运行（磁条导航、激光导航）实现物料和在制品的配送，通过立体仓库管理物料仓储，使用AGV装配线实现柔性装配。产能分析报表如图4所示。

日期 项目	7月份	8月份	9月份	10月份	主柜柜体工时/分钟/套	副柜柜体工时/分钟/套	备　注
目标	1.08	1.17			340.8	261.6	柜体为主柜
入库工时/分钟	1 772 804.53	1 527 183.7	1 431 133.545	1 030 870			
车间考勤/天数	29	30	28	24			

续表

日期 项目	7月份	8月份	9月份	10月份	主柜柜体工时/分钟/套	副柜柜体工时/分钟/套	备注
6号楼柜体数量/日/套	179	149	150	126			
新厂房柜体数量/日/套	330	330	330	330			
物流人均柜体数量	15	12	12	11			物流组人员数量6人

6号楼：7～10月份人均实际产能(179+149+150+126)/(4×6)=25.17套/人每天。

新厂房：理论设计产能为330套每天。

综上：3台AGV在新厂房可替代330/25.17=13人。

图4　产能分析报表

（三）系统集成情况

本项目通过立体仓库WMS和WCS系统软件管控立体仓库，通过TCS调度AGV和激光叉车，实现仓储配送。根据实际生产计划实现自动出入库管理，通过仓储管理模型实现动态货位分配和移库管理，实现物料及时配送；通过生产、仓储配送、运输管理多系统的集成优化，实现最优的仓储和配送；通过生产线实际生产计划，实时拉动物料配送；通过模型优化引擎，实现配送运输线路优化管理。仓库管理系统如图5所示。

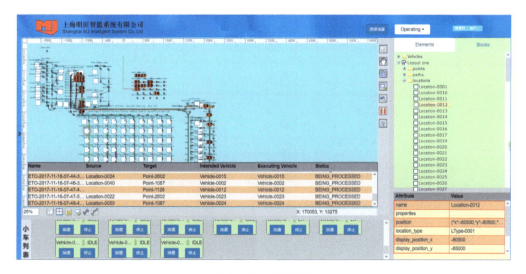

图5　仓库管理系统

五、推广机械加工装配行业以AGV为载体的装配新生态

本方案针对机械制造行业产品人工作业强度高、零件种类多、工艺路线多样等问题，通过建设柔性生产线，以数据为驱动，实现定制化、柔性化生产，提高生产效率。本方案创新点如下。

（一）模式创新

用潜伏式 AGV 替代传统流水线，利用激光 AGV 实现不同机加设备间的无级无序自动搬送加工。

（二）技术创新

通过 TCS 系统与 MES 系统有效集成，实现总装线的柔性装配。MES 根据生产信息完成状态发送指令给 TCS，TCS 驱动 AGV，根据 MES 不同工艺路线，AGV 实际位置状态信息实时反馈给 TCS，TCS 再将信息反馈给 MES，实现信息的精准反馈。

本方案通过建设 AGV 动态线体解决换型转产问题，解决车间物流路线和人员路线交叉干涉情况，适应市场产品的快速变化与迭代，其可扩展性高，可按需求设计输送量、输送速度和装配工位布局，为机械加工行业树立了总装线的标杆，实现了真正意义的柔性制造。

案例 26　玲珑轮胎在高性能子午线轮胎智能工厂领域的 CPS 应用

> **摘要**
>
> 高性能子午线轮胎智能工厂领域下的 CPS，是玲珑轮胎在多品种、小批量的定制化生产背景下提出的面向轮胎行业系统级的 CPS 应用探索，该项目借助标准协议兼容、异构系统集成技术，实现了机加工设备、立体仓库、AGV 等单元级 CPS 之间数据的互连互通，建成了涵盖轮胎生产现场数据感知、轮胎生产大数据分析、轮胎生产能效评估等轮胎生产智能制造工厂核心业务系统。建成工业互连、数据驱动、协同高效的汽车轮胎样板智能工厂，形成信息化与工业化结合，实现人流、物流、信息流、资金流的优化集成与协同控制，成效显著。

前言

山东玲珑轮胎股份有限公司（简称玲珑轮胎）成立于 1975 年，是国内规模最大、效益最好的轮胎专业生产企业之一。公司凭借自身多年在轮胎研发设计、生产制造、设备开发领域系统工程理论和实践上的优势，在轮胎领域率先开展 CPS 研究，面向轮胎生产、物流"系统自治"，以多品种小批量定制化生产为核心突破点，提出了基于异构系统集成高性能子午线轮胎领域下的 CPS 解决方案，并圆满完成了验证。

一、突破汽车行业困境，提高效益

汽车轮胎属于多品种、小批量的定制化产品，产品制作过程中人工作业程度高，是典型的劳动力密集型企业。中国制造企业存在用工不足且熟练技能工紧缺，并且产品质量水平普遍低下，因此，在劳动强度大、环境条件差、质量要求高的工序应用自动化的智能装备成为社会发展与企业创新的必然选择。同时，产品制作工艺水平与装配精度、整体外在质量及细节处理与乘用车或一流汽车制造企业相比，仍然存在不小的差距，质量稳定性差，受人为因素影响仍非常明显，同时因施工或工艺保障所出现的市场质量问题仍然较多。另外，海外市场也对我们的产品提出了更为苛刻、更加严厉的新要求，产品不仅功能完善、安全可靠、持久耐用，而且对细节质量要求甚微。因此，以"解放人力，提高效能与质量"的智能制造技术在现代制造企业中的应用显得尤为迫切，同时，随着生活水平的提高，人们不断追求车辆自身的安全与乘座的舒适，势必将推动产业结构迈向中高端。

二、以数据为驱动，建设自治平台

通过工业互联网将状态感知、传输、计算与制造过程融合起来，实现机加工设备、立体仓库、AGV 等单元级 CPS 之间数据的互连互通。结合物联网的传感器，对制造过程、物流配送过程，离散制造流程的数据采集，建立轮胎制造大数据平台，进一步对整个生产过程实时、动态信息进行分析和控制，以实现装备生产过程中信息可靠感知、数据实时传输，以及产品数据、生产制造数据、质量控制数据、产品营销与售后服务等大数据的多源异构数据集成、可靠存储与处理。建立制造大数据在计划调度与市场预测等方面的智能分析模型与辅助决策支持系统，为轮胎生产产业利用大数据分析与经营预测来实现精细化运营管理，为科学决策提供有效支撑。构建了从感知、分析、决策到精准执行的闭环的生产管理体系，实现了整个系统的独立控制。通过标准协议兼容、异构系统集成、数据互操作和物理单元建模等技术的应用完成了单元级 CPS 的建设，也为今后的系统级 CPS 建设提供单体设备和技术基础，帮助企业基于数据分析能力建立数字化决策时树立竞争优势。

三、建设 CPS 工厂，引领汽车行业新发展

（一）技术方案

整体架构如图 1 所示。

1. 一体化采集设备研发

一体化采集设备研发是与生产状况采集终端、能耗采集终端等现场采集终端通信的唯一接口。

2. 轮胎生产智能制造工厂关键技术研究

对生产现场感知与互连集成技术、轮胎全生命周期管理分析技术、基于物联网的企业能效管理技术等进行研究，将基础研究、重大共性关键技术研究应用到轮胎生产产业创新链。

3. 轮胎生产智能制造工厂基础信息化系统及安全可控核心智能制造设备建设

在玲珑轮胎各分厂区内建设 ERP 综合管理系统、MES 制造执行系统、CRM 客户关系系统、SRM 供应商关系系统、WMS 仓库执行系统、TMS 运输执行系统。完成一体化采集终端、成型机、硫化机、智能分拣机器人等安全可控核心智能制造设备的创新应用。

4. 轮胎生产智能制造工厂大数据分析系统研发

轮胎生产智能制造工厂大数据分析系统研发，全面覆盖轮胎企业生产流程，实现生产过程、销售环节、用能情况的横向交互。

5. 针对绿色环保高性能子午线，对轮胎智能制造新模式应用与示范进行试点

提升轮胎生产行业的生产管理、能效管理过程的管控水平，洞察与获取真正的实时化轮胎生产情况，推动轮胎生产产业的智能化发展。

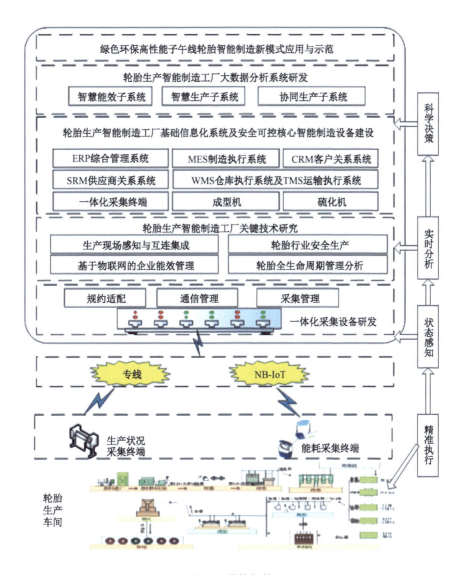

图 1　整体架构

6．基于 NB-IoT 的新一代工业物联网技术

使用 NB-IoT 物联网技术实现玲珑轮胎 5 个数字化车间的水平和垂直集成，实现对轮胎生产现场感知、轮胎智能制造、工厂能效管理、科技服务进行全链条的一体化设计。

7．工业大数据技术的落地应用

通过物联网的传感器，对制造过程、物流配送过程、离散制造流程的数据采集，建立轮胎制造大数据平台。实现产品数据、生产制造数据、质量控制数据、产品营销与售后服务等大数据的多源异构数据集成、可靠存储与处理。建立制造大数据在计划调度与市场预测等方面的智能分析模型与辅助决策支持系统，为轮胎生产产业利用大数据分析与经营预测来实现精细化运营管理、科学化决策提供有效支撑，帮助企业基于数据分析能力建立数字化决策的竞争优势。

8. 基于嵌入式操作系统的能效管理系统

能效管理系统项目针对轮胎生产产业能源利用效率低、环境污染等问题，利用能耗感知、能效评估等相关技术，将大大节省煤、水、电、气等资源消耗，降低轮胎生产企业的生产经营成本，提高轮胎生产企业能效和产品的竞争力，减少污染排放量。

9. 三维设计贯穿产品设计和生产

本项目从设计、制造过程，到最终流转安装、运行维护，实现统一数据源，采用MBD数字孪生体，集成物联传感器的制造信息，全追踪制造过程。

（二）实施步骤

1. 仿真模拟

方案设计完成后，建立可行的系统数字模型验证方案。

2. 机械设计

根据方案，拆解单机，逐台进行机械设计，下发生产图纸。

3. 机械试车

先进行小规模试制，通过局部安装调试，试验机械设计是否合理，为后续大规模生产提供有力保障。

4. 机械安装

对输送机、EMS小车、基础钢平台、堆垛机、货架等机械设备进行安装。

5. 电气调试

对各个工位的基本动作进行调试，实现单工位的电气调试。

6. 信息化部署

信息化系统与电气系统对接，采集电气系统信息及设备信息。

7. 整厂联调

完善智能系统调度功能，实现整厂的智能化生产。

8. 系统调优

根据调试过程中遇到的问题，以及实际使用中的经验总结，对整体系统进行进一步优化，使得系统更加稳定、合理。

四、实施效果

本项目在高效率生产轮胎的情况下，很好地满足了所需要的物流输送需求（日产25 000条轮胎），工序间实现无人化、数字化、智能化，做到管理数字化、数据可追溯、生产智能化。在成型生产的胎胚上贴上条码，本条轮胎就产生了它独有的身份证，在通过EMS小车和入库线体的输送下，通过WMS系统自动分配合理的库位，并自动产生了关联的库物关系。根据硫化车间的生产计划，实时调度在仓库中的胎胚，真正做到了先入先出，100%出库正确率，完美实现硫化车间的生产调度任务。

五、推进汽车行业新发展

项目将基于工业互联网技术对玲珑轮胎广西生产基地的 5 个车间进行智能化升级改造与建设。针对轮胎生产智能制造工厂的建设需求，突破轮胎智能制造三大关键技术：轮胎生产现场数据感知、轮胎生产大数据分析、轮胎生产能效评估，完成智慧生产、智慧能效两大系统的研发。整合轮胎全生命周期中销售、生产、能耗等数据，在玲珑轮胎各分厂区内建设 ERP 综合管理等系统，完成一体化采集终端、成型机、硫化机、智能分拣机器人等安全可控核心智能制造设备的创新应用，并基于大数据完成轮胎的销售预测、生产计划优化调度、轮胎全过程质量追溯、轮胎生产能耗分析、轮胎生产能耗预测等功能，搭建面向节能与新能源汽车轮胎零部件制造的协同制造平台，最终形成玲珑轮胎智能工厂，并示范应用。

案例27　浙江万向在汽车零部件大规模生产领域的 CPS 应用

摘要

针对汽车零部件行业大规模混合式生产的新模式和需求，以万向精工汽车轮毂轴承单元智能制造工厂为载体，在生产及管理过程中通过实施数字化生产系统和车间物联网，并集成制造执行系统、工厂综合分析优化平台对生产全过程进行数据管理和优化。实现生产过程、生产管理的实时感知和通信，并转化为数字信息进行分析处理和反馈执行，最终实现汽车零部件产品大规模混合式生产下的质量稳定控制与追溯，以及生产全过程优化和智能决策。对加速 CPS 的技术创新，推动行业实施 CPS 具有重要的示范作用。

前言

浙江万向精工有限公司（简称浙江万向）是万向集团工业体系内以高、精、尖汽车零部件产品为定位的专业汽车零部件公司。其中，汽车轮毂单元产品总体产能达到 2 110 万套/年，被列入国家级重点新产品，获中国机械工业科学技术奖二等奖，同时被列入国家火炬计划项目。目前公司正在按"中国制造业转型升级"、"工业 4.0"标准努力打造先进汽车零部件智能工厂，并以其为载体，实施了一套汽车零部件行业系统级 CPS 应用体系。

一、突破传统制造困局，开创行业新模式

汽车及汽车零部件制造作为国家支柱性产业，属于典型的离散型加工装配制造业，根据汽车制造企业混合式生产计划组织的特点，汽车零部件行业生产和管理也必须能够满足大规模混合式生产的需求，主要特点为：一是以订单生产为主，制订生产计划，任务管理复杂；二是产品型号多样化，产品设计频繁迭代；三是生产设备及模具等设施运行及管理要求高；四是产品质量要求严格，产品追溯系统复杂。

万向集团作为国内汽车零部件代表企业，对深化制造业与信息技术融合发展有积极的内在需求和动力。针对以上行业特点及企业需求，以万向汽车轮毂轴承单元智能制造工厂为载体，实施了一套汽车零部件行业系统级 CPS 应用体系。

二、以数据为驱动，实现大规模混合式生产下的产品质量稳定控制与追溯

通过建设数字化工厂，整合行业生产系统的大数据及优化方法，建立一套系统级 CPS 应用体系，以满足汽车零部件在大规模混合式生产下的产品质量稳定控制与追溯，其具体内容如下。

1）搭建全自动轮毂轴承单元数字化生产线和车间物联网系统，实现车间生产设备的互连互通，并实时感知生产过程状态，构建数字化透明工厂。

2）建设大规模混合式生产计划调度系统，均衡生产过程中各种生产资料，在不同的生产瓶颈阶段给出最优的生产排程计划，实现快速排程，并对需求变化做出快速反应。

3）建设智能设备管理和优化系统，对车间设备的运行状态进行实时监控与管理，把设备状态与生产情况有效地结合起来。

4）建设质量控制和管理优化系统，通过对生产过程的实时检测、跟踪和控制，实现生产工艺、设备、人员、时间的全过程可追溯。

三、建设数字化生产系统，引领未来生产模式

（一）技术方案

1. 整体架构

项目构建了一套数字化空间与生产系统实体之间基于数据自动流动的状态感知、实时分析、科学决策、精准执行的闭环系统，运用数控系统自动控制和传感器自动感知、工业以太网、制造执行软件、工厂分析优化平台等核心技术，满足汽车零部件产品大规模混合式生产下的质量稳定控制与追溯，以及生产全过程优化和智能决策，同时提高了车间设备的配置效率，系统整体架构如图1所示。

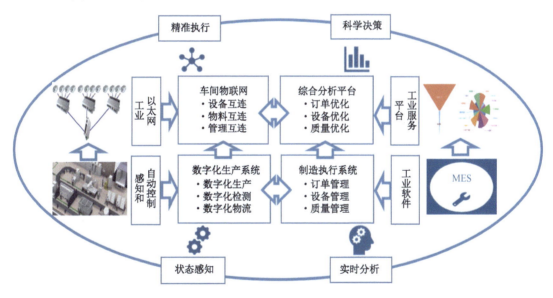

图1　万向汽车轮毂轴承单元智能制造工厂CPS系统整体架构

2. 核心技术点

1）运用感知和自动控制技术建设数字化生产系统。

实施两条全自动轮毂轴承单元智能化生产线，包含车加工线、磨加工线、清洗线、装配线，具有自动进料、自动加工、自动装配功能，生产线和设备控制系统执行生产任务，同时可实时感知运行过程状态。同时，全线覆盖传感器自动检测功能，可对轴承尺寸选配、

游隙、振动、注脂、压密封件、磁钢卡环等产品参数和关键工序实现全过程的自动感知,生产线现场如图 2 所示。

图 2 万向汽车轮毂轴承单元智能化生产线

2）运用工业以太网集成车间物联网。

由车间边缘智能终端将车间生产设备（车加工设备、磨加工设备、清洗设备、装配设备、机器人上下料设备等）、检测传感器（尺寸精度、表面粗糙度、硬度、游隙、残磁、清洁度等）、设备控制系统、人工操作终端等车间底层设备统一接入，边缘智能终端可以直接通过内置驱动与各类设备以 OPC 统一架构建立通信，通过工业以太网集成车间物联网，实时采集车间制造过程中的人、机、料、法、环、测等信息，同时与上层 ERP、BPM 等系统进行纵向集成，使生产系统、人员、企业、服务之间的异构数据互连互通和泛在连接，使车间具备自组织能力、状态采集和感知能力，最终实现以数据驱动为基础的车间生产管理。

3）车间制造执行系统和综合分析优化平台。

车间制造执行系统和综合分析优化平台是对汽车零部件产品从研发设计、生产制造、车间管理、后期服务全生命周期的软件模型化管理和平台分布式优化，实现生产管理人员、设备之间无缝信息通信，将车间人员、生产设备、生产物料、现场管理等行为转换为实时数据信息和管理逻辑信息，对这些信息进行实时或综合处理，实现对生产制造环节的智能决策，并根据决策信息及时调整生产制造过程，使整个生产环节处于有序可控的状态，构建数字化透明的智慧工厂。

3．功能描述

1）大规模混合式生产计划调度系统。

根据大规模混合式生产系统要求，通过智能排产系统进行最优化排产，同时通过边缘智能终端实时感知生产进度和生产质量状态，并对计划进展情况进行监控，对可能延期、设备异常、提前生产、计划冲突等异常情况进行分析，并实时预警，同时生成数据图表或者预警报告。异常情况出现后，能重新生成最新条件下的优化生产方案。智能排产系统如图 3 所示。

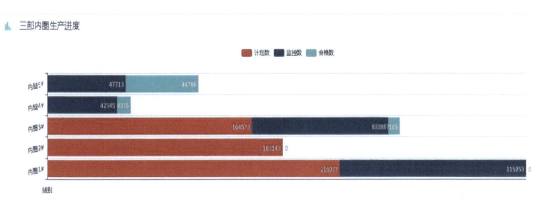

图 3　智能排产系统

2）设备管理和优化系统。

车间设备通过边缘智能终端在统一的接口协议下连接，形成具有通信、精确控制、远程协调能力的网络。设备管理系统利用实时数据对现场设备状态、加工参数进行实时监控，对设备维护、保养、点检时间进行智能预警，并对设备利用率、使用效率进行综合分析和管理。

设备状态感知：对设备状态实时监控，可获知一段时间的设备利用率等状况，如监测到低于预定目标值，则进一步优化分析，如图 4 所示。

图 4　内圆超精设备状态监控

设备数据分析：利用系统数据分析的帕累托图，分析出设备停机等原因，为下一步针对性的优化提供数据基础，如图5所示。

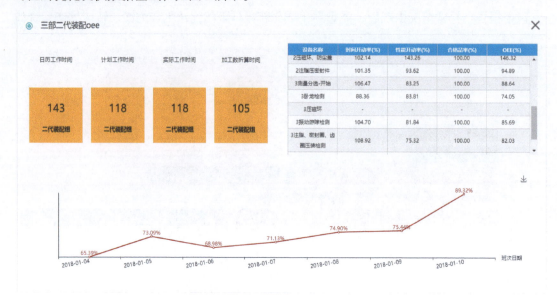

图5 设备数据分析

精准执行：优化决策，并能通过系统验证优化效果。

3）质量控制和管理优化系统。

质量控制与管理。

a. 首巡检管理：对首检、自检、巡检的检验时机和状态进行实时感知和智能管理，可精准执行不同条件下的首巡检时机和要求。

b. SPC控制：通过自动检测设备标准接口，接收检测数据形成SPC控制图，当产品的检测数据不符合工艺要求时，终端将进行实时反馈和预警。

c. LPA分层审核：通过软件定义的分层审核，对关键过程特性进行预定的审核以验证过程符合性，提高过程稳定性和一次通过率。

质量分析与优化。

d. 基于实时感知的产品一次合格率分析。

通过边缘智能终端与自动检测设备实时感知，车间物联网可实时采集产品质量数据，通过系统，实时分析产品一次合格率。

e. 基于平台的质量优化分析。

根据实时参数和历史数据对比分析，找出生产过程中的作业不良、材料不良等多种问题的原因，并对其进行持续优化和改进，如图6所示。

质量追溯系统。

f. 基于实时感知的生产状态追溯。

通过对产品的反向追溯，追踪生产过程中实时感知的状态数据，包括生产工序、加工进度、生产设备、工艺参数、操作人员等，具体如图7所示。

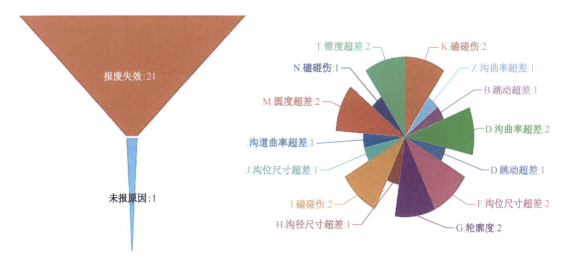

图6　产品质量分析图

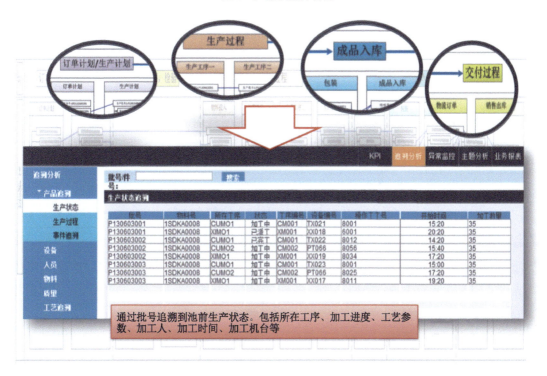

图7　生产状态追溯

g. 基于RFID的材料追溯。

通过对物料的反向追溯，追踪其在周转过程中RFID实时感知的状态数据，包括材料出入库批次、投产状态、交货状态等信息，具体如图8所示。

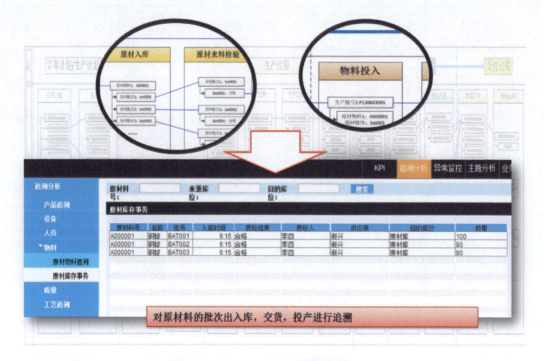

图 8　生产物料追溯

（二）实施步骤

1. 智能化生产系统

建设两条全自动轮毂轴承单元智能化生产线，含自动化加工系统、自动化装配系统、自动化物流系统、自动化检测系统、环境自适应系统等，为下一步实施车间物联网提供自动化装备和自动化控制基础。

2. 车间物联网

在车间部署边缘智能终端，将车间各类生产设备、检测传感器、设备控制系统、人工操作终端等车间底层设备统一接入，实时采集车间制造过程中的人、机、料、法、环、测等信息，通过工业以太网集成车间物联网。以 OPC 统一架构实现数据的交互通信，同时与上层 ERP、BPM 等系统进行纵向集成，使生产系统、人员、企业、服务之间的异构数据互连互通，实现产品从设计、制造、服务全流程的数字化。

3. 车间制造执行系统和分析优化平台

大规模混合式生产计划调度系统：通过实时生产数据、设备状态数据采集，实时展现和分析当前计划完成情况及设备负荷情况，给计划人员提供最优化的排程方案和执行计划。

设备管理和优化系统：在车间物联网基础上对生产设备的实时状态进行监控，掌握设备的运行数据，自动记录分析设备运行、停工、维护、调试各项参数，对设备实时状态、智能维护、利用率、能耗等进行实时管理和分析。

质量控制和管理优化系统：通过实施首巡检管理、SPC 控制、LPA 分层审核等模块对产品质量进行在线控制，实施产品一次合格率分析、质量优化分析，利用质量追溯系统进行产品质量全过程优化。

4．智能化探索

在未来将进一步完善汽车零部件产品大规模混合式生产下的产品质量控制和追溯系统，结合实际生产制造过程，利用人工智能和区块链等新技术，进一步提升生产制造过程的智能化水平。

四、实施效益

万向汽车轮毂轴承单元智能制造工厂 CPS 系统的实施，给企业经济效益和管理效益带来了显著提升，旨在建成汽车零部件制造领域体现未来生产模式的标杆工厂。

（一）经济效益提升

指标提升数据如表 1 所示。

表 1 指标提升数据

考 核 指 标	提 升 效 果
自动化设备数量	500 台（套）
产品一次合格率	提高至 97% 以上
设备数控化率	提高至 86%
生产效率	提高 50%
能源消耗	减少 20%
人员数量	减少 46%
人均产值	提高 262%
车间物流	透明化

CPS 系统的实施显著提高了轮毂轴承单元的产品质量和生产效率，通过物联网技术，使车间生产及物流透明化，从而降低企业成本，实现高效率、低能耗的精益生产。

（二）企业的管理效益

1）明确和规范了生产计划和统计流程、生产异常响应流程、生产和产品质量追溯流程、工艺控制和预警控制流程；

2）实现车间扁平化管理，减少了计划层级，极大减少了管理及辅助人员的工作量；

3）各部门职责明确，责任清晰，提高了生产响应速度；

4）各项生产数据自动采集，自动形成分析统计报表，并反馈车间实时状态，使车间管理和决策效率提升 80% 以上。

五、推广汽车零部件行业生产新模式

随着汽车产业新模式及人工智能、工业大数据、云计算等技术的发展，传统的汽车零部件制造与服务模式已不能满足当前的需求，以数据为驱动的大规模混合式生产新模式将成为行业的发展方向。万向汽车轮毂轴承单元智能制造工厂以 85%以上的智能化关键装备为基础，实施系统级 CPS，从生产线数据自动感知、管理系统实时分析、优化平台科学决策、生产系统精准执行，实现制造过程数字化、智能化以支撑大规模混合式生产新模式，产品制造精度、环境适应性、可靠性等技术水平达到国内领先和国际先进水平。新模式实施的同时还可对伺服电机及驱动器、数字化控制系统、高精度检验设备、精密传感器、自动化装备等智能装备行业发展产生巨大的带动作用，进一步促进国家产业结构的调整和经济发展。

案例 28　海航科技在无人货物运输船领域的 CPS 应用

摘要

无人货物运输船项目是海航科技集团（简称海航科技）联合国内外顶级机构成立的无人货物运输船联盟推进的创新型科技项目。CPS 技术在该项目中发挥了极为关键的引领作用。通过构建基于 CPS 的无人驾驶船舶 SoS 级（一硬、一软、一网、一平台）应用解决方案，实现无人船系统的顶层技术框架设计。本方案包括：对周边环境状况进行灵敏感知的船载感知系统（一硬）；智能自主航行系统（一软）；由工业现场总线、工业以太网、卫星/移动通信网络等构成的异构网络（一网）；为船舶提供远程监测、遥控服务，为运营提供智能化服务的工业云平台（一平台）。

前言

作为隶属世界 500 强海航集团的大型产业控股集团，海航科技集团致力于成为一流的高科技产业集团。海航科技集团依托海航集团丰富的产业场景，通过云计算、大数据、人工智能等领域的运营、投资和创新，打造共享、分享、生态的"四流"（人流、物流、资金流、信息流）平台，为客户及合作伙伴提供高附加值的产品和解决方案。在大型无人货物运输船项目中提出了基于 CPS 的无人驾驶船舶 SoS 级（一硬、一软、一网、一平台）的顶层技术框架。实践证明，该框架充分满足了无人船自主决策、自主航行、自主环境感知、远程操控、绿色安全、平台运营于一体的功能需求。

一、打破常态，创新航运新理念

受当前经济形势的影响，全球海运业运力明显过剩，海运企业争取订单十分困难。与此同时，航运成本，尤其是人力成本、运营成本却明显上升，造成远洋海运企业盈利能力显著下滑。如何通过技术创新降低运营成本、提高航运效率，如何通过海运新模式提升企业盈利能力是海洋运输业突破当前发展困境的关键所在。为此，海航科技集团联合国际一流厂商、研究机构，组建了无人货物运输船联盟，开始进行远洋无人货物运输船的科技创新工作，期望以科技赋能远洋航运，开创全球海运新模式，塑造全球海运新格局。

二、稳步前行，共创智能海运新模式

本方案基于 SoS 级 CPS 体系架构，搭建了集自主决策、自主航行、环境感知、远程操控、绿色安全、平台运营于一体的无人船系统平台，填补了国内外相关领域的空白，有望使中国成为全球无人船技术规范的主要建立者、推动者和引领者。

从全球产业链角度看，通过打造标准化、模块化的自主航行无人船系统、网络系统和

运营监控的服务平台,有利于形成一个完全开放、充分竞争的无人货物运输船设计、建造、运维的完整产业链。

从全球海运商业模式看,依托于 CPS 技术体系结构的无人船系统平台,有利于实现远洋航运与智慧港口、客户定制化服务的无缝对接,促进人流、物流、资金流、信息流的全球流动,推动海运业进入物流 2.0 时代。

三、建设无人货船系统,共享海运新业态

(一)技术方案

1. 整体架构

无人船系统架构可以概括为"一基多端+一网+一平台",即一个岸基中心、多个无人货运船载端系统、异构网络和运营管理云平台四部分。

岸基控制中心实现对全球范围内航运船舶状态,以及其周围环境的实时监控。在必要条件下,实现对船舶的遥控。借助异构网络,运营管理云平台实现了跨系统、跨平台的数据集散、存储、分析和共享,为船舶的运营管理提供了更全面、可靠的数字化依据。基于 CPS 的无人货物运输船顶层技术框架如图 1 所示。

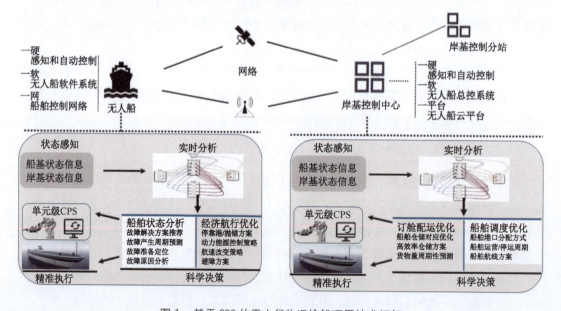

图 1 基于 CPS 的无人货物运输船顶层技术框架

2. 整体技术架构的系统层次

如图 2 所示,无人船系统顶层技术框架完全覆盖了 CPS 的三个层级,清晰界定了接口规约,避免了厂商绑定,有利于搭建全球范围内的共享生态。比如,CPS 总线是由多方参与、共同制定的开放通信协议,支持多源异构数据的集成、交换和共享,有效提高了系统的可扩展性。

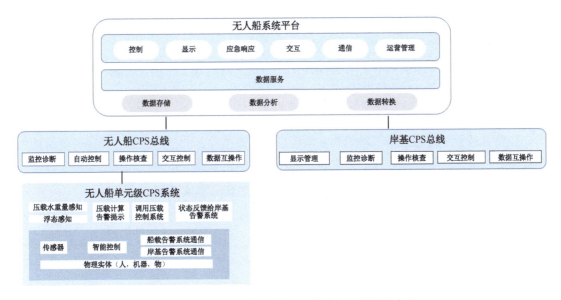

图 2　无人货物运输船系统顶层技术框架系统层次图

3. 无人货物运输船系统功能描述

如图 3 所示，无人船系统主要由四个子系统组成：无人船、岸基控制站、通信网络、运营管理云平台。

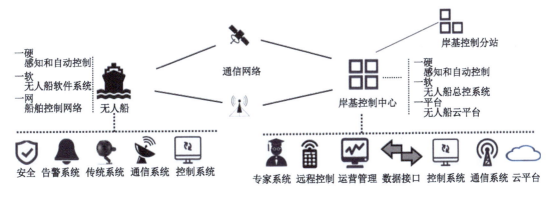

图 3　无人货物运输船系统功能构成框架

1）无人智能货运船——自主航行，远程通信。

鉴于卫星通信链路的不可靠，无人船主要依靠自身系统的环境感知能力、数据分析能力和科学决策能力，无须岸基控制中心/岸基控制分站的介入，就能实现一般海况下的无人监管航行。

2）岸基控制站——远程监护，智能辅助。

岸基控制站包括岸基控制中心及岸基控制分站。在岸基控制中心，能够实时感知全球范围内的无人船的当前状态，并及时响应突发状况。特定状况下，如靠离泊、锚泊、无人船故障等,岸基控制中心/岸基控制分站将通过通信网络接管无人船的操作。

3)通信网络——环环相通,透明可靠。

船载网络、卫星通信网络、地面有线/无线网络共同构成了透明、可靠、无缝衔接的无人船通信网络。

4)运营管理云平台——降本增效,智能管理。

运营管理云平台包括用于对船舶各系统进行全面监控、分析、诊断、处理的健康检查与故障分析系统,用于提高航运经济效益的经济性分析系统,用于提高航行综合效益的航行规划系统,以及不断通过自主学习,优化各系统逻辑的专家系统等。

从船岸的空间角度看,运营管理云平台又可以分为船基 CPS 和岸基 CPS。无人货物运输船的"数字孪生"如图 4 所示。这两个子系统都自成闭环赋能体系,包括状态感知系统、实时分析系统、科学决策系统、精准执行系统。不同的是,船基 CPS 和岸基 CPS 在各技术要素的信息输入输出不同,完成的功能也不同。

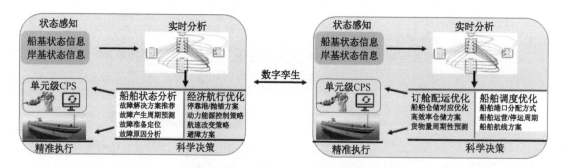

图 4 无人货物运输船的"数字孪生"

船基 CPS 和岸基 CPS 环境感知的对象范围不同。船基 CPS 的感知数据主要是无人船自身及周围环境的状态数据(如水、气象、船舶设备、周边目标等信息);而岸基 CPS,不仅要感知无人船自身及周围环境的实时状态,而且也要感知与运营管理相关的状态数据。

船基 CPS 和岸基 CPS 实时分析环节处理的参数类型不同。船基 CPS 主要分析船舶自身的运行参数;岸基 CPS 主要分析与船舶运营的相关参数,如航线路径参数、物流参数等。

船基 CPS 和岸基 CPS 科学决策的目的不同。船基 CPS 科学决策的目的是保证运输船能够长期稳定的运行;岸基 CPS 科学决策的目的是获得更好的运输效益。

船基 CPS 与岸基 CPS 精准执行的对象相同。船基 CPS 和岸基 CPS 的执行对象相同,主要是无人船本身。

4. 无人货物运输船系统的技术框架特点

数据驱动:无人货物运输船通过构建数据自动流动的闭环赋能体系——智能感知环境数据,深度分析实时数据,科学决策分析结果,精准执行决策逻辑。

软件定义：无人船控制系统包括自主控制和远程控制，两者都是通过软件结合自动化工业设备来实现的。

泛在连接：船载感知系统将船舶状态、环境数据等进行实时采集、分析、传输和处理，通过自主控制系统或岸基远程控制系统进行控制决策和智能服务。

虚实映射：为辅助岸基人员进行真实环境的分析控制，岸基系统在虚拟数字空间对无人船进行三维图像重建。岸基人员可以在虚拟数字空间不断演练物理空间的分析决策，从而提高了物理空间的具体执行的有效性和科学性。

异构集成：无人船系统将多种异构硬件（如 CISC 型 CPU 用于岸基 PC 机，RISC 型 CPU 用于大数据系统，FPGA 用于船上各类嵌入式系统），异构软件（船上各类工业软件），异构数据（包括模拟量、数字量、音视频数据、特定格式文件等），以及异构网络（包括现场总线、工业以太网）集成，实现异构环节集成的综合体。

系统自治：无人船系统通过自身系统的环境感知及经验分析，结合机器学习技术，实现高可靠性的系统自治。

5. 核心功能和核心技术

无人船的首要核心功能是航行安全。无人船系统的核心技术包括环境感知技术、路线规划技术、健康检查与故障分析技术及能效控制技术。

环境感知技术是无人船需要突破的关键技术。环境感知技术的难点在于需要全天时、全天候地实现障碍物的自动识别、位置判断和运动轨迹估计。

路线规划技术的关键是路线规划算法的实现。路线规划算法需要动态变化的气象信息、港口码头信息、物资调配等海量异构、灵活多变的信息作为数据输入条件。这些输入条件导致了路径规划算法难以实现。

健康检查与故障分析技术，通过结合无人船设备的历史运行维护数据及船舶当前各系统设备的传感数据，分析无人船当前健康状态，降低运营成本，提高船舶运行的安全性和可靠性。

能效控制技术通过大数据分析技术、航线及航速进行智能规划和控制，实现航行经济效益最优。

（二）标准化需求

在搭建无人船系统顶层技术框架过程中，项目组初步梳理和归纳出了无人船系统涉及的标准分类，如图 5 所示。

目前来看，除通用规范类具有较好的基础外，其他标准类，尤其是基础标准类和产品与技术应用类需要修订、编制。

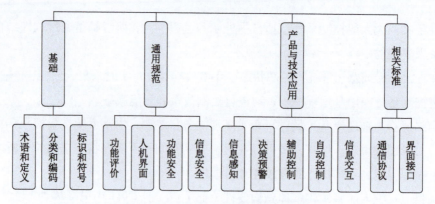

图 5　无人货物运输船系统标准分类

（三）实施步骤

1. 设计阶段（2017—2018 年）

（1）无人船系统顶层技术框架搭建。深入进行行业分析与调研，确定相关领域内技术状况和发展方向，完成无人船系统顶层技术框架的搭建。

（2）无人船产业链整合。根据初期市场和行业调研结果，筹备和建立广泛的国际产业生态联盟，建立完整产业链。

（3）船载自主系统设计。船载环境感知系统设计、船舶运营状态感知系统、监控系统等设计；船载自主控制系统架构和功能设计。

（4）岸基中心平台设计。状态显示系统、数据服务系统、网络通信系统、安全系统、应急响应系统、运营管理系统、远程控制系统功能设计、基本实现框架设计等。

（5）船舶船体初步设计。对无人船整体系统进行功能规格书、技术规格书编制，船舶系统图绘制，研究无人船轮机系统特点、船舶技术规格书、海水冷却系统、低温淡水冷却系统、主机高温淡水冷却系统图。

（6）机舱初步设计。机舱控制系统风险评估与分析设计（全船监测报警系统、电站系统及其他机舱监测分系统）。

例如，无人货物运输船设计概念图如图 6 所示。

2. 开发阶段（2018—2019 年）

（1）无人船云平台详细设计与开发。

（2）无人船基础设施选址及建造、船型设计、网络通信规范研究、控制系统研发、方案审查、船舶及通信系统详细设计及生产设计、无人船第一期建设及发布。

3. 商用与推广阶段（2020 年）

（1）无人船交付商用。

（2）无人船平台正式对外运营，并开始接入外部商业平台。

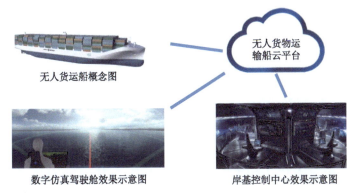

图 6　无人货物运输船设计概念图

（3）与无人船第三方协作接口对接。

四、实施效果

CPS 技术体系的引入，缩短了无人船系统顶层技术框架的搭建过程，清晰、有效地阐述了无人船系统的构成，为系统功能的分解和逻辑关系的梳理起到关键支撑作用，为完成无人船系统顶层技术框架的设计发挥了关键作用，为无人船系统这一新兴事物的顺利开展奠定了良好基础。

五、塑造海运新格局

基于 CPS 技术要素的无人货物运输船系统设计，通过数据驱动来实现海运业的升级转型的案例，体现了海运业创造商业运营新理念，有望开创全球海运新业态，重塑全球海运新格局。

反侵权盗版声明

电子工业出版社依法对本作品享有专有出版权。任何未经权利人书面许可，复制、销售或通过信息网络传播本作品的行为；歪曲、篡改、剽窃本作品的行为，均违反《中华人民共和国著作权法》，其行为人应承担相应的民事责任和行政责任，构成犯罪的，将被依法追究刑事责任。

为了维护市场秩序，保护权利人的合法权益，我社将依法查处和打击侵权盗版的单位和个人。欢迎社会各界人士积极举报侵权盗版行为，本社将奖励举报有功人员，并保证举报人的信息不被泄露。

举报电话：（010）88254396；（010）88258888

传　　真：（010）88254397

E-mail： dbqq@phei.com.cn

通信地址：北京市万寿路173信箱
　　　　　电子工业出版社总编办公室

邮　　编：100036